爱上科学
Science

墨子沙龙 —— 著
牛猫小分队 —— 绘

人民邮电出版社
北京

图书在版编目（CIP）数据

进阶的量子世界 ：人人都能看懂的量子科学漫画 / 墨子沙龙著 ；牛猫小分队绘. -- 北京 ：人民邮电出版社，2024.5
（爱上科学）
ISBN 978-7-115-63279-1

Ⅰ. ①进… Ⅱ. ①墨… ②牛… Ⅲ. ①量子论一普及读物 Ⅳ. ①O413-49

中国国家版本馆CIP数据核字(2023)第235387号

内容提要

本书是关于量子前沿科技的科普图书，书中详细介绍了由中国科学技术大学潘建伟院士领导的量子信息科研团队在近几年取得的领先世界的科研进展，将十余篇刊发在《自然》《科学》等国际一流学术期刊上的科研成果通过生动有趣的漫画形式展现给读者，内容包括量子通信、量子计算和模拟、量子精密测量和基础检验等，重点介绍了中国科学家研制的“祖冲之号”“九章”量子计算原型机的发展和演变。本书严谨与趣味并存、前沿与通俗兼备，非常适合对物理感兴趣、对量子科学感兴趣的读者阅读。

◆ 著　墨子沙龙
绘　牛猫小分队
责任编辑　胡玉婷
责任印制　马振武
◆ 人民邮电出版社出版发行　北京市丰台区成寿寺路 11 号
邮编　100164　电子邮件　315@ptpress.com.cn
网址　https://www.ptpress.com.cn
北京盛通印刷股份有限公司印刷
◆ 开本：700×1000　1/16
印张：17　2024 年 5 月第 1 版
字数：303 千字　2024 年 5 月北京第 1 次印刷

定价：79.80 元

读者服务热线：(010) 53913866　印装质量热线：(010) 81055316
反盗版热线：(010) 81055315
广告经营许可证：京东市监广登字 20170147 号

序一

不久前，2012 年诺贝尔物理学奖获得者塞尔日·阿罗什（Serge Haroche）来到中国，并在墨子沙龙做了一场引人入胜的科普讲座。墨子沙龙负责人告诉我，2023 年上半年，阿罗什在确定了 11 月来访中国的行程后，主动联系他们，希望能在墨子沙龙开展一场公开的科普讲座。为何选定墨子沙龙？因为他的中国学生告诉他，墨子沙龙是中国最优秀、最专业的量子科普平台之一。我为墨子沙龙一直以来为量子科普所做的努力感到欣喜！

墨子沙龙自 2016 年成立以来，一直致力于科学普及的探索和实践。他们通过面对面的公开讲座、线上直播以及多样化的新媒体平台，向公众传播前沿的科学进展、先进的科学思想，和众多大朋友小朋友一起感受科学之美。对量子物理和量子信息的科普是墨子沙龙的一个特色。他们紧密联系顶尖科学家，及时了解他们最新的工作，并与粉丝、观众互动，倾听他们的需求。通过不断的思考和成长，墨子沙龙已成为公众了解量子科技基础和前沿的可信赖途径。其中，利用大家喜闻乐见的漫画形式来传播“高冷”的前沿科学，就是墨子沙龙联合谢耳朵（Sheldon）科学漫画工作室进行的一项成功尝试。他们成功地将中国科学技术大学量子物理和量子信息科研团队最新的优秀工作，通过妙趣横生的漫画介绍给读者，不仅受到包括中小学生在内的公众的喜爱，在科学家中也拥有不少“大咖”粉丝。

已经出版的《奇妙量子世界：人人都能看懂的量子科学漫画》正是这一尝试的结晶。它荣获了包括第八届中华优秀出版物提名奖、2019 年度“中国好书”在内的一系列奖项，被认为是“一本兼具科学性、原创性和可读性的优秀科普作品”。秉承这一宗旨，经过 4 年的积累沉淀，墨子沙龙的新作《进阶的量子世界：人人都能看懂的量子科学漫画》问世了，邀请读者再次踏上穿越量子世界的奇妙旅程。

与第一本相比，这本新作有更丰富的内容，从量子通信到量子模拟和计算，从光到超冷原子、超导比特……这也是我国量子科技最近几年来全面进步的一个体现：从几年前的只在某些特定方向取得优势，到众多领域全面开花。例如，在量子通信领域，我国继续扩大领先优势，成功验证了构建天地一体化量子通信网络的可行性；在量子计算与模拟领域，“九章”光量子计算原型机和“祖冲之号”超导量子计算原型机双双达到了“量子计算优越性”里程碑；利用超冷原子体系，在对奇异物性、基础物理理论和原理的量子模拟上，做出多项领先工作；在国际上首次制备了高相空间密度的超冷三原子分子气体，向基于超冷分子的超冷量子化学和量子模拟迈出了重要一步；在量子精密测量领域，在国际上首次实现百千米级的自由空间高精度时频传递，向建立广域光频标网络迈出重要一步……这些不同方向的新进展，在《进阶的量子世界：人人都能看懂的量子科学漫画》中都得以呈现。

量子物理充满了美妙和神奇，科学家们正在不断探索。相信《进阶的量子世界：人人都能看懂的量子科学漫画》能将我们所领略到的奇妙感受及时和大家分享。

2023 年 12 月

序 二

量子力学是现代物理学的两大支柱之一，也是当前引起公众广泛兴趣的热门领域。在量子的世界里，有奇异的现象、超越我们日常经验的规律，以及深刻的物理思想和数学结构。如何让普通人也能感受到量子物理的美丽？这是墨子沙龙一直努力、不断探索的事情。

2017 年，墨子沙龙和 Sheldon 科学漫画工作室合作，尝试将严谨的前沿科学进展和生动诙谐的漫画结合，向中小学生、普通公众解释量子物理和量子信息。我们的第一篇漫画就受到大家的欢迎，这给予我们信心，于是就有了后面一篇篇的漫画。2019 年，我们将十余篇漫画结集成书，这便是《奇妙量子世界：人人都能看懂的量子科学漫画》。

《奇妙量子世界：人人都能看懂的量子科学漫画》甫一推出就受到追捧，超出了我们的预期，并荣获了“中华优秀出版物提名奖”“中国好书”等重要图书奖项。而你眼前的这本《进阶的量子世界：人人都能看懂的量子科学漫画》正是其续集，我们期待它能延续前作“奇妙”的故事，带领亲爱的读者们继续我们的量子世界旅程。

墨子沙龙

2023 年 12 月

目录

第一章
小孩子才做选择题，成年人两个都要：

基于卫星的量子纠缠 QKD，你值得拥有

如今，人手一部的智能手机不仅屏幕大，可以用来购物，还能用来拍照、拍视频、听歌、看电影。

可是，当你某一天被困在深山老林或者大海中央，普通的智能手机搜不到信号，叫天天不应、叫地地不灵时，却有一部“相貌平平无奇”的手机能救你。

没错，你可能猜到了，这款“相貌平平无奇”的手机其实是一部支持卫星通信的手机。

卫星电话

但在日常生活中，我们是否需要拥有一部卫星手机？要知道，卫星手机使用的是卫星网络，手机上要有长长的、粗粗的天线。智能手机的很多功能，卫星手机也不支持，而且话费还有点贵……

在应用领域，没有哪项技术能一统天下，往往是各有所长。在不同的应用场景下，需要发展不同的技术手段——智能手机虽好，你也可能会有必须要用卫星手机的时候。所以，你偶尔也可以把豪车停在 3 万平方米的家里，骑着自行车上街兜风。

现在，来介绍一个明明已经有成熟的技术应用方案，却还让科学家欲罢不能，要大力发展的技术。

基于卫星的量子纠缠密钥分发

（一）量子密钥分发（QKD）

这里的密钥（yuè 或 yào），说的不是结婚后的蜜月，而是加密信息用的一段秘密字符。比方说，你在登录自己的游戏账号时，输入了一段口令：123456。

如果你把这串数字直接发出去，半路被窃听者截获，他可能就会用这个口令，把你的游戏装备全部偷走。

所以，在口令发出去之前，你得想办法把它加密一下。比如，我们可以让口令的每一位数都加 1。123456 加上 111111，变成 234567，然后再传出去。游戏服务器收到以后，再给每一位数都减 1。这样一来，问题就解决了。

这里说的每一位都加 1，也就是数字 111111，就是我要讲的加密信息用的**密钥**。当然，111111 这个密钥太简单了，很容易被人猜出来。真正管用的密钥是随机产生的一串数字，毫无规律可循，最好是用一次就扔，下次再换一组新的，这样就没法破解了。

但是，在加密传输信息之前，先得传输一段只有玩家和服务器才知道的密钥。于是问题来了，一路上有那么多的窃听者，怎么才能安全地把密钥送到呢？要想把这个事儿办成，目前只能靠一种叫作**“量子密钥分发”**的技术。

简单地说，通常的量子密钥分发是利用量子力学原理，通过在光纤中传输不同状态的单个光子，并对单个光子的状态进行测量，实现了**不断随机产生密钥**。

使用光纤传输，优点是：可以使用经典通信现成的光纤网络，大大降低了实用化成本；缺点是：光纤传输会有损耗，点对点的光纤量子密钥分发距离受限，目前实际传输距离只有几百千米。

基于光纤的量子密钥分发技术

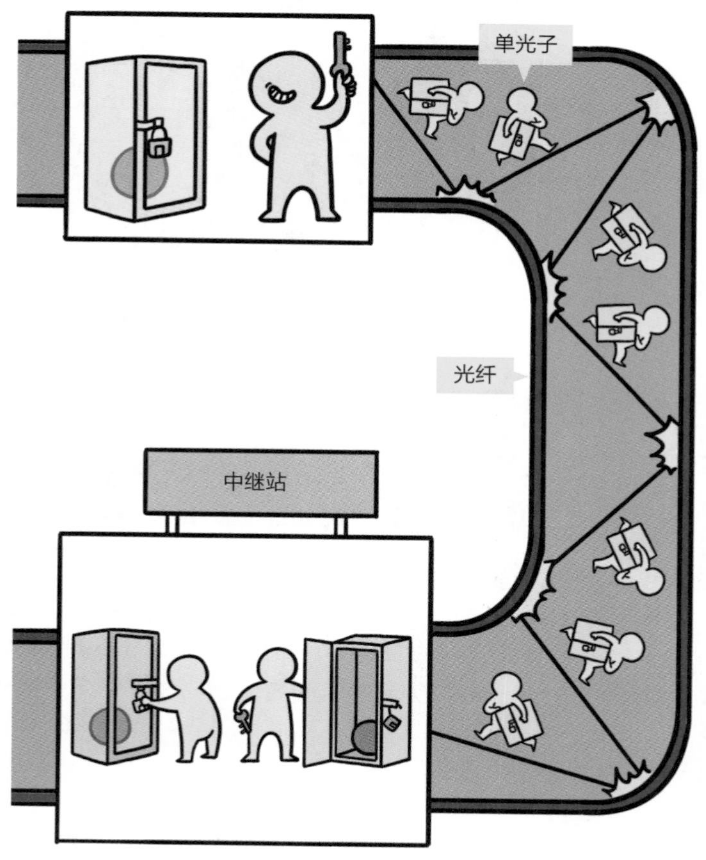

量子保密通信“京沪干线”

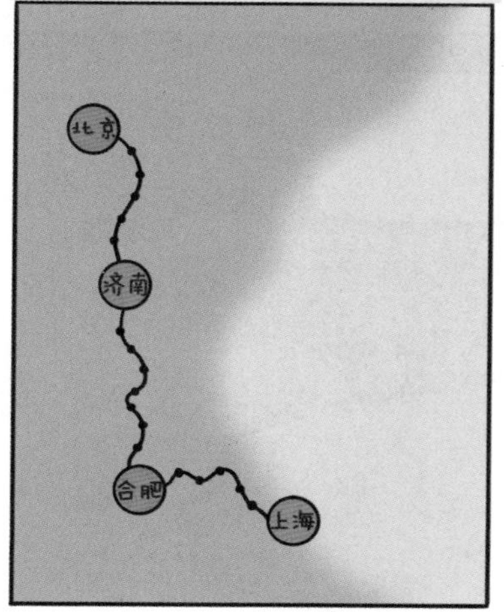

为了扩展量子保密通信的距离，科学家们想出了一个阶段性的方案：利用可信中继把一段段距离较短的光纤通道连接起来。例如量子保密通信“京沪干线”就是这样把量子保密通信的距离扩展到了 2000 千米以上。

“京沪干线”的运行原理就像是密钥接力，但是负责接力的那个人必须是可信的。虽然看起来不是那么完美，但和传统的保密通信相比，“京沪干线”的安全性已经大幅提高了。

为了保证信息不被窃听、不被破解，原则上讲，传统的保密通信需要在沿线处处设防。

处处设防

传统的保密通信

而利用可信中继的“京沪干线”安全性就提高了很多，它只需要在每个中继站重点设防。

因此，某些有较高保密需求的机构，就能够在连接北京、上海，贯穿济南与合肥的2000多千米的线路之间，提升信息传输的保密级别。

但是，正当“京沪干线”平稳运行时，建造它的量子密码学家们却又把目光投向了另一种不同的量子密钥分发技术：基于卫星的量子纠缠密钥分发。这又是怎么回事呢？

（二）基于卫星的量子纠缠密钥分发的实验

基于卫星的量子纠缠密钥分发，是利用量子力学，产生和传输密钥。只不过，跟第一种技术相比，它的不同之处在于，传输密钥时，一个光子不够用，必须两个光子一块往外传，而且得是两个存在量子纠缠的光子。

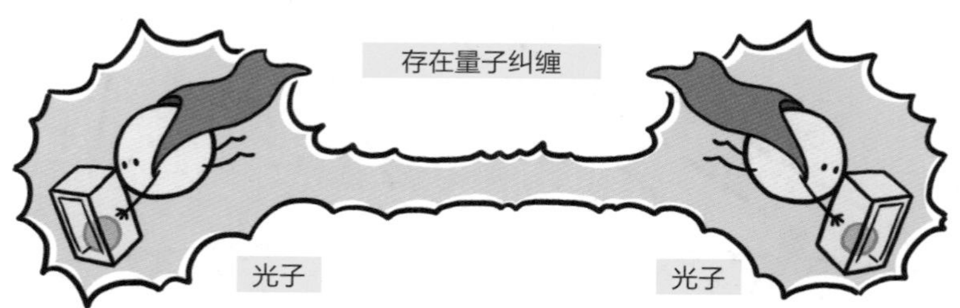

那么，这种技术的厉害之处在哪里呢?

第一，卫星在太空中飞行，不需要中继就可以把两个纠缠光子送到相隔上千千米的地点。

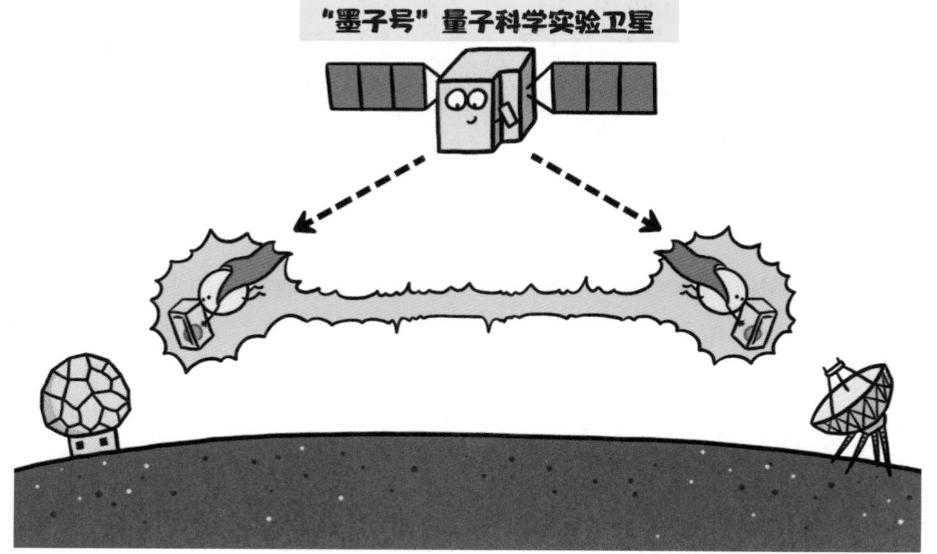

第二，更厉害的是，不用在路上设防！就算卫星是敌人造的，它也窃取不了其中的信息。

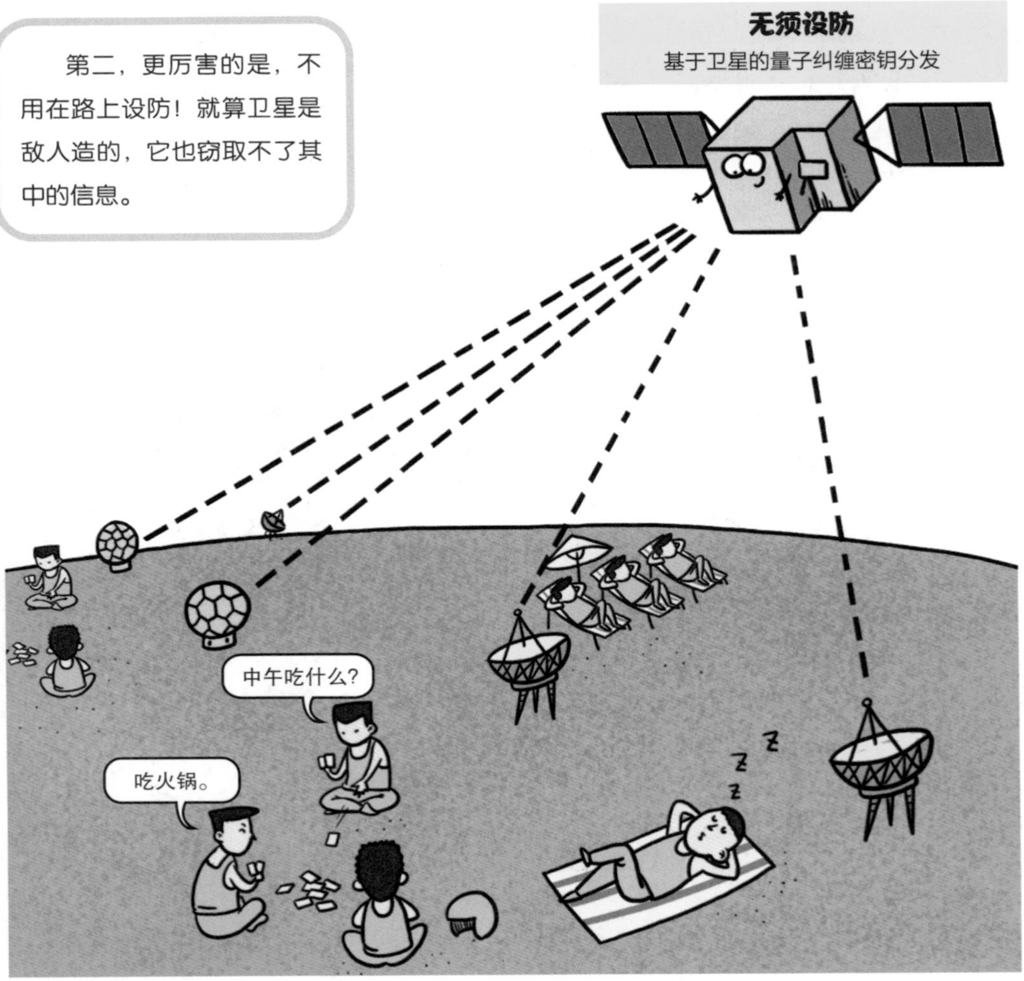

2020 年，中国科学技术大学潘建伟教授及其同事彭承志、印娟等与英国牛津大学阿图·埃克特以及中国科学院上海技术物理研究所等单位的科研人员合作，首次完成了基于卫星的量子纠缠密钥分发实验。

他们在相距约 1100 千米的青海德令哈站和新疆南山站之间，共传输了 3000 个密钥，实现了 0.43 bit/s 的密钥传输速率。相关结果发表在《自然》（*nature*）杂志上。也就是说，无中继量子保密通信的安全距离已经由以往的百千米量级拓展到千千米量级了。

说到这儿，你可能会有困惑。"京沪干线"不是用得好好的，干吗非要去折腾卫星呢？

（三）发展第二种量子密钥分发技术的原因

简单地说，每一种技术都有自己的适用场景。

我们回到开头举的例子。

第一种技术（基于光纤和中继）就好比普通的智能手机，成本低、效率高、使用方便，用户用过了都觉得不错。第二种技术（基于量子纠缠）相对而言，有点儿像卫星电话，适用范围更广，技术更先进，不过离全面实用化还有一段距离。但是为了追求更高的安全性，必须发展第二种技术。

未来，这两种技术是否能进行结合，实现集安全性和实用性为一体的量子通信保密网络呢？还真是让人有点期待呢！

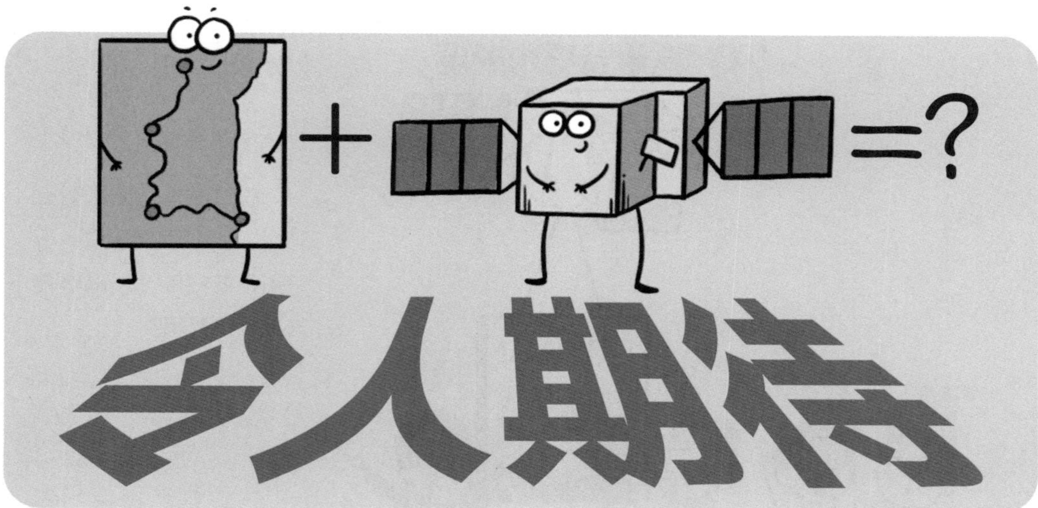

基于卫星的量子纠缠密钥分发为什么这么厉害，无须设防呢？[1]

（四）保密的关键在于量子纠缠

这就要说到“量子纠缠”这个老朋友了。

爱因斯坦曾经说过，**量子纠缠是一种鬼魅般的超距作用。**

比方说，假如牛魔王的卫星朝地面发出一对量子纠缠的光子，只要猪八戒这边一测量，他就能瞬间知道孙悟空那边的测量结果。

我测量的结果是 1，我立刻知道孙悟空的测量结果也是 1。

我孙悟空当然是 1 啦！

这个过程多重复几次，只要猪八戒和孙悟空把各自的测量结果收集起来，他们就会立刻获得一组完全**相同的密钥**。

所以，表面上看是牛魔王的卫星发射纠缠光子，但实际结果是，猪八戒和孙悟空彼此之间传输了一组密钥。

那么问题来了，既然量子纠缠的光子是牛魔王发出的，那么他能不能预测出猪八戒和孙悟空的测量结果呢？

答案是不能。

因为根据量子力学，牛魔王发出的纠缠光子的状态是不确定的。你得先进行测量，才能知道它的结果到底是 0 还是 1。

可是，每次的测量结果是随机产生的。这就好比掷骰子，就算每次牛魔王发出的纠缠光子是一样的，测量结果也可以是不一样的。有时是 0，有时是 1。到底是 0 还是 1，牛魔王只能瞎猜。

所以，密钥到底是什么，牛魔王根本不可能预测出来。[2]

于是，这种看起来还不够成熟的技术，从物理原理的角度讲，确实是**一种完全无须设防的保密通信技术。**

当然，话也不能说得太绝对。我们说的完全无须设防，是指通信线路无须设防。假如牛魔王把猪八戒和孙悟空抓住了，逼他们交出密码，这就不是量子保密通信能管得了的事儿啦。

在人类的科技史上，各种技术“各领风骚数百年”的情况时有发生。比如直流电和交流电，曾经相爱相杀，现在却相濡以沫，共同为我们服务。

再比如，电动车比燃油车还要早诞生 50 年左右，却被燃油车压制了近百年，直到近年才有东山再起的迹象。

图注：1834 年，美国人托马斯 · 达文波特发明了电动车，但没有照片留下来。左图是 19 世纪 90 年代的一款电动车。

所以，我们无法笃定地认为：现在最好用的技术，未来能一直保持优势；现在看起来遥不可及的技术，未来也不一定无法实现。小孩子才做选择题，科学家说：我们两个技术都要发展。

注：

1. 第一种技术（基于光纤的量子密钥分发技术）在物理原理层面的安全性弱于第二种技术（基于卫星的量子纠缠密钥分发技术）的安全性，仅仅是指在“物理原理层面”。在实际的工程实践中，物理学家会通过中继点保护、单光子源标定等一系列工程措施，来保证第一种技术实际上的安全性。

2. 这里的介绍其实存在一个漏洞。如果两个人一直以同一个方向来测量手上的纠缠光子，牛魔王其实也可以做相同的测量来预测两个人的测量结果是 0 还是 1。所以，猪八戒和孙悟空必须约定两种不同的测量方向，测量每一对光子时，他们都要在其中随机选一种。

最后，他们需要通过经典通信，聊一聊双方每次选择的测量方式是否一致。他们把测量方式相同时得到的结果留下，作为密钥，同时把测量方式不同时得到的结果扔掉。这样一来，漏洞就补上了。

实际上，第二种技术所采用的通信协议，本来就要求通信双方必须随机采用两种不同的测量方向。本篇漫画在介绍它的原理时，进行了必要的简化。

其实，基于光纤的“京沪干线”和基于卫星的量子纠缠保密通信实验，使用的是两种不同的通信协议。“京沪干线”使用的是“通信双方通过发射和测量单个光子”而传输和产生密钥，这是由物理学家本奈特和布拉萨德在 1984 年提出的，所以叫 BB84 协议。基于卫星的量子纠缠密钥分发实验使用的是“通过第三方，朝通信双方发射一对纠缠光子，并由通信双方进行测量”而传输和产生密钥，这是由阿图 · 埃克特在 1991 年提出（E91 协议），并由本奈特、布拉萨德和默明在 1992 年改进的，叫 BBM92 协议。由于篇幅有限，本篇漫画没有详细介绍这 3 个协议的细节，请感兴趣的读者自行查阅相关文献。

第二章
摸着石头过河：
在地球引力场中检验量子纠缠的稳定性

量子力学已经诞生 100 多年了，也经过大大小小无数种实验方案的检验，从来没有出过纰漏。

但是，当人们试图把量子力学和现代物理学的另一个核心——描述引力场的广义相对论结合起来时，就可以预言一些普通的量子力学没有预测到的新现象，而研究这类现象的实验却少之又少。

为了研究这个问题，中国实验物理学家专门做了一个量子光学实验。要想搞清楚这个实验的来龙去脉，我们还得从头说起。

（一）只能摸着石头过河

目前还没有任何一个办法，能把量子力学和引力理论完美地结合在一起。在过去几十年中，有许多物理学大师被这个问题难住了。

连大师都没搞定的问题，我们到底要怎样才能够进一步推进呢？在现代物理学家的眼中，要想在这个问题上有所突破，想要一步到位是不可能的。

我们只能先试探性地走出第一步，然后看看出现了什么后果，再看看这个后果会产生什么影响，如何消除这些影响。也就是说，**我们只能摸着石头过河。**

既然是摸着石头过河，那么，从哪里开始摸，冬天摸还是夏天摸，戴着手套摸还是光着手摸，这就是仁者见仁，智者见智了。在这个问题上，每个物理学家都有一套自己的办法。比如，超弦理论、霍金辐射理论、圈量子引力论、黑洞火墙悖论，都是“摸石头”的产物。

不过，检验这些理论对实验的要求非常高。一个主要的原因是这些理论模型的预言都只能在极端实验条件下检验，比如在极小空间尺度 10^{-35} 米，或者是极高能标 10^{19}GeV，这些都远远超出目前可以达的实验条件。别说我们这一代人了，也许再过 100 年，这些实验也一个都不可能做出来。那么问题来了。

有没有现在就能用实验检验的“石头”呢？

这就要说到澳大利亚昆士兰大学蒂莫西·拉尔夫教授等人摸到的“石头”，它的名字很拗口，叫作**量子场理论的事件形式。**

（二）为什么要给量子场理论动手术

“量子场理论的事件形式”其实就是拉尔夫等人给传统的量子场理论做了个微创手术。经过手术以后，量子场理论的新形式就能更好地跟引力理论相容。

具体地说，许多物理学家发现，我们现有的量子力学（包括量子场理论在内），一旦考虑引力的影响，就会产生很多诡异的结果。

比如，广义相对论预言了一类被称为“虫洞”的奇异时空结构。

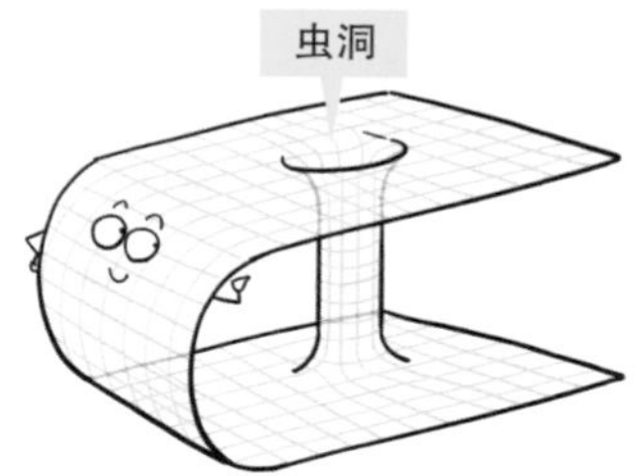

其实，按照美国理论物理大师惠勒的观点，如果你拿一个超大型的并具有几乎无限时间分辨率的显微镜，在普朗克尺度（10^{-35}m）上观察任何一处空间，就会发现，其中充满了大量涨落着的微型黑洞和虫洞，这种现象有时也被称为“时空泡沫”。

从原则上讲，有可能存在某种物理机制，能把这些处于量子涨落的虫洞给激发出来，形成稳定的虫洞结构。

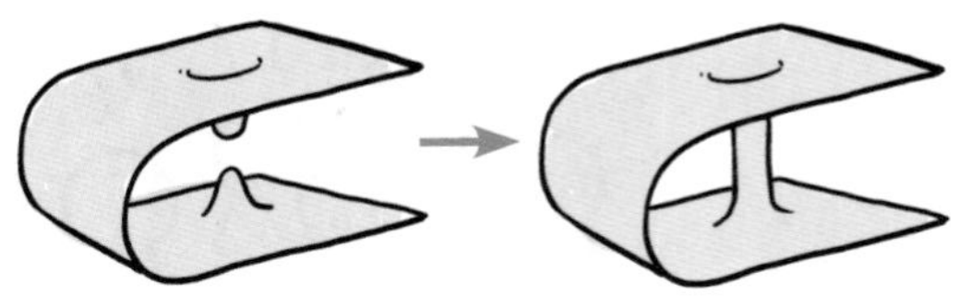

如果这些理论都是真的，那就麻烦了。因为虫洞实际上可以破坏事件发生的时间顺序，假如在空间中真的存在稳定的虫洞结构，那么许多基本粒子就有可能随时穿过它，回到过去某个时刻的某个地方！

用物理学的行话来说，这种时空存在**闭合的类时曲线**，是一种因果律遭到挑战的时空，是一块危险的“石头”，自然界不会允许这类时空结构存在。当然这只是一派人的观点。

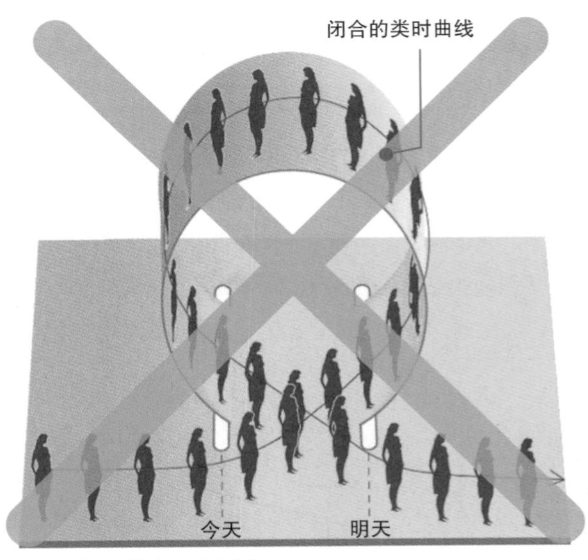

图片来源：《科学美国人》

另一派人认为，这块“石头”表面上看很危险，实际上，如果我们把它安排好了，它就可以变成一块垫脚石，帮助我们过河。这一派的代表人物有 2017 年诺贝尔物理学奖得主索恩，超弦理论专家波尔钦斯基，量子信息理论专家德义奇。正是在这样的动机下，拉尔夫等人给标准的量子场理论做了一个小手术，让它能够适应这种怪异的时空。那么，这个手术是怎么做的呢？

蒂莫西·拉尔夫

（三）手术方案：对事不对人

拉尔夫等人做的手术其实很简单，简单说就是一句话：对事不对人。比如，如果把一个粒子看成一个人，然后让这个人穿过虫洞，回到过去某个时刻，遇到了过去的自己，然后跟过去的自己共存了一段时间。对于这种现象，我们如何用量子场理论来描述呢？在标准的量子场理论看来，这两个人是同一个人，应该用同一个数学符号来描述。于是，在同一时刻，任何一个数学符号都有可能同时描述“两个人”或“多个人”。这会产生极大的混乱。这就像一个班级里，有两个同学同姓同名，老师点名都没法点。

既然问题是同姓同名，那么解决办法也很简单，那就是除了名字之外，再给他们取一个（用数学符号写成的）外号。用物理学行话说，拉尔夫等人向量子场理论中，**增加了一个额外的自由度**。这就是拉尔夫等人提出的手术方案。

在拉尔夫等人看来，他们一旦给时空中的“两个人”赋予了不同的数学符号，那就相当于他们把“一个没有经过虫洞的人存在于此时此地”看作一个事件，把“一个人经过虫洞后再次存在于此时彼地”看作另一个事件。也就是说，他们把量子场理论改造成了一种对事不对人的理论，因此，这个理论就叫作**量子场理论的事件形式**。

这相当于标准的量子场理论

这相当于量子场理论的事件形式

那么，拉尔夫等人的解决办法到底对不对呢？虽然直接检验这种理论的难度，丝毫不低于其他理论，但拉尔夫等人还是提出了一个巧妙的方法。这就是本文开头所说的，在地球引力场中做的量子光学实验。

（四）在地球引力场中检验量子纠缠的稳定性

这个实验的思想是：虽然地球上没有虫洞，但是地球的引力场会产生一种非常显著的引力效应，叫作**引力场的时钟延缓效应。**

简单地说，以在周围没有引力场的时钟为参考标准，某个时钟附近的引力场越强大，这个时钟的时间流逝速度就越慢。

我们自牛顿时代起就知道，地球的引力场在地表处最强。离开地表以后，引力场会逐渐减弱，减弱的速度服从牛顿的平方反比定律。因此，在太空中的卫星上的时钟，就要比地面上的时钟，走得稍微快一些。不仅时钟走得快，在太空中，一切物理、化学、生物的反应，都要比地面上略快一些。只不过，这个略快的程度非常低，只有用极为精密的实验才能测量出来。

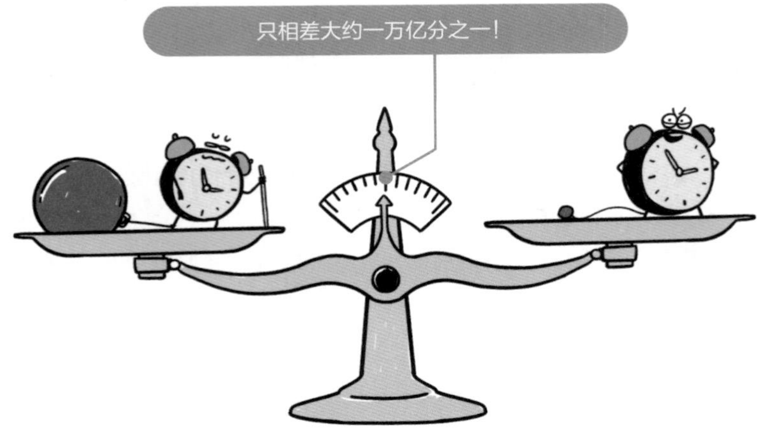

拉尔夫等人提出，引力场的时钟延缓效应，会向某些存在量子纠缠的光子对施加不可估量的影响。具体来说，这种影响**会导致光子对的量子纠缠部分消失**，并且，这种影响只有在事件形式理论中才存在，在标准的量子场理论中是不存在的。

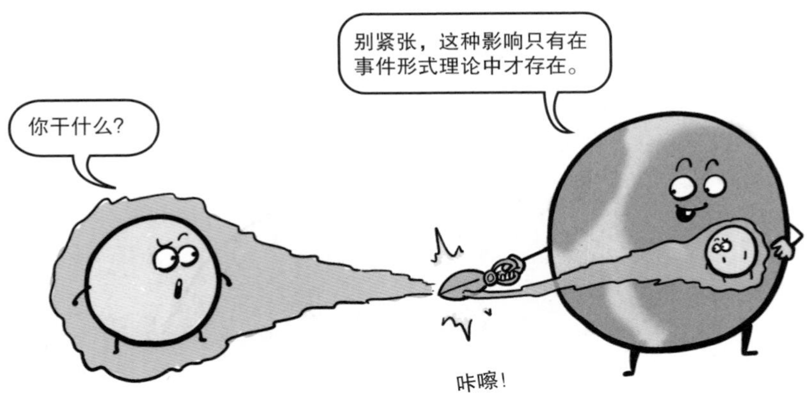

因此，在地球引力场中检验量子纠缠的变化，就成了检验拉尔夫等人摸到的石头能否成为过河垫脚石的最佳方案。

（五）实验结果：这届石头不行

说到这儿，就轮到实验物理学家上场了。中国科学技术大学潘建伟教授及其同事彭承志、范靖云等人与美国加州理工学院、澳大利亚昆士兰大学等单位的科研人员合作，利用“墨子号”量子科学实验卫星做了一个量子光学实验。

这是国际上首次在太空中利用卫星开展的关于量子力学和引力理论关系的量子光学实验研究。2019 年 9 月 19 日，国际权威学术期刊《科学》（*Science*）杂志以“快讯”（First Release）形式在线发布了这一项研究成果。

AAAS Become a Member　Log In　ScienceMag.org　Search

Science　Contents　News　Careers　Journals

SHARE

REPORT

Satellite testing of a gravitationally induced quantum decoherence model

Ping Xu[1,2,*], Yiqiu Ma[3,*], Ji-Gang Ren[1,2,*], Hai-Lin Yong[1,2], Timothy C. Ralph[4], Sheng-Kai Liao[1,2], Juan Yin[1,2], Wei-Yue Liu[1]...

Science 19 Sep 2019

Article　Figures & Data　Info & Metrics　eLetters　PDF

You are currently viewing the abstract.　View Full Text

ARTICLE TOOLS

SIMILAR ARTICLES IN:

- Google Scholar

Abstract

Quantum mechanics and the general theory of relativity are two pillars of modern physics. However, a coherent unified framework of the two theories still remains an open problem. Attempts to quantize general relativity have led to many rival models of quantum gravity, which, however, generally lack experimental foundations. We report a quantum optical experimental test of event formalism of quantum fields, a theory which attempts to present a coherent description of quantum fields in exotic spacetimes containing closed timelike curves and ordinary spacetime. We experimentally test a prediction of the theory with the quantum satellite Micius that a pair of time-energy entangled particles probabilistically decorrelate passing through different regions of the gravitational potential of Earth. Our measurement results are consistent with the standard quantum theory and hence do not support the prediction of event formalism.

实验过程大致是：在坐落于我国阿里地区的地面实验站，实验团队先是制造了一对量子纠缠的光子对。

在地面上计时

在太空中计时

然后，他们让其中一个光子飞到500千米高的“墨子号”量子科学实验卫星上，被卫星搭载的仪器探测，并记录下来。同时，他们让另一个光子穿过地面上的线路，被地面仪器探测，并记录下来。

地面站和卫星核对数据，计算光子对的“时间重合率”

通过比较不同光子到达仪器的时间，计算它们的“时间重合率”，实验团队就能搞清楚它们在到达实验仪器之前，到底有没有维持着量子纠缠的状态。

事件形式理论的预言

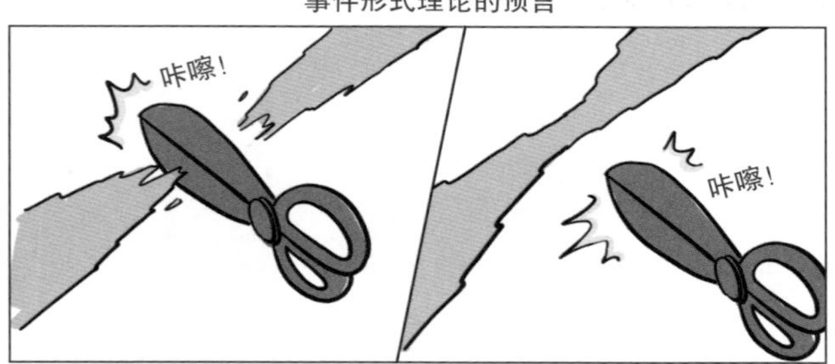

99.9999% 的纠缠被破坏　　0.0001% 的纠缠被保留

根据事件形式理论，由于一个光子在地球上，一个飞到了太空中，受引力场的时钟延缓效应影响，它们经历的“时间流逝”是不一样的。因此，它们的纠缠会迅速被破坏，未被破坏的比例只有100万分之一。

但实验团队的结果表明，保持量子纠缠的光子对的比例接近100%。因此，拉尔夫等人提出的事件形式理论就这样被实验否决了。

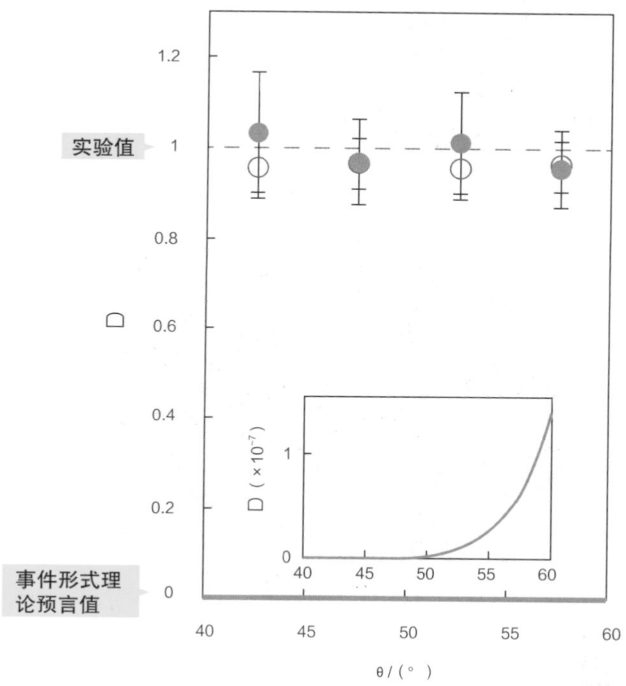

那么，这是否意味着，用这种摸着石头过河的方式不对呢？拉尔夫认为，这并不能说明我们不能这样摸着石头过河。这只能说明：这届石头不行！

在与实验团队仔细讨论并分析了实验结果后，拉尔夫立刻修改了他原来的理论，提出了事件形式理论2.0版本。在这个版本中，光子的纠缠不会迅速被破坏，未被破坏的比例可达到96%～98%。这样一改，实验精度的需求就大大提高，实验团队就难以再用“墨子号”量子科学实验卫星检验它的真伪了。于是，要想打破砂锅问到底，我们现有的手段都难以做到，只能等未来的合适机会，通过更精密更先进的实验来检验它了。例如，研究团队将来打算利用**中高轨卫星**，在更大的引力强度范围内开展实验。

总之，这个实验告诉我们的结论只能是：**这届石头不行。数风流石头，还看明朝（zhāo）！**请你不要笑。自物理学诞生以来，所有的物理学理论都是这样发展出来的。你看到的每一个写入教科书的理论，在提出之初，身边都有无穷多的竞争者。在当时的物理学家看来，它们都是看起来比较扎手的怪石头。物理学家只有一块一块地摸过去，把不好的扔掉，把好的留下来。有的当作垫脚石，有的当作桥梁的地基，有的当作教训。这样日拱一卒，坚持不懈，最终才有可能涉水过河，到达科学的彼岸！

参考文献：

1. 赛先生、墨子沙龙，《“墨子号”再登 Science：引力会影响量子行为吗？》，赛先生、墨子沙龙，2019-09-20.
2. Xu P, Ma Y, Ren J G, et al. Satellite testing of a gravitationally induced quantum decoherence model[J]. Science, 2019, 366(6461): 132-135.
3. Ralph T C, Pienaar J. Entanglement decoherence in a gravitational well according to the event formalism[J]. New Journal of Physics,2014, 16(8): 085008.
4. Ralph T C, Milburn G J , Downes T , Quantum connectivity of space-time and gravitationally induced decorrelation of entanglement[J]. Physical Review A, 2009, 79(2): 022121.
5. Friedman J, Morris M S, Novikov I D, et al. Cauchy problem in spacetimes with closed timelike curves[J]. Physical Review D, 1990, 42(6): 1915.
6. Billings L. Time travel simulation resolves "Grandfather Paradox"[J]. Scientific American, 2014(09),2.

第三章
如何让 50 千米外的两个原子，产生量子纠缠

生活水平提高，人们的需求也提高了。要是在以前，“楼上楼下电灯电话”，做梦都要笑醒。

现在可不行。电影要看3D，手机要连5G，送快递要用无人机，就连厕所的马桶盖都是智能的了。

科学家也开始对现在的量子纠缠方案感到不满意了！

（一）量子纠缠是一种资源

量子纠缠是什么？量子纠缠非常重要。

从理论角度说，量子纠缠就是两个粒子不是各过各的，而是结拜兄弟，在量子层面存在很强的关联。

简单地说，两个粒子形成量子纠缠后，只要测量其中一个，就相当于同时测量了另外一个。这两个是一个整体。

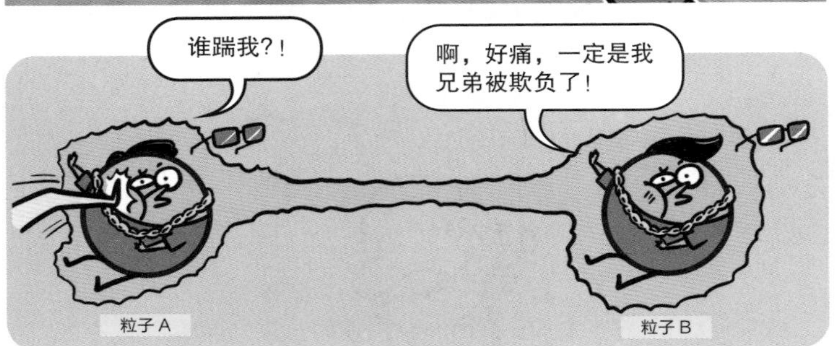

从实践角度来说，量子力学就是一种资源。有了这种资源，你就能开展量子计算、开展量子保密通信，在未来有可能创造巨大的社会财富。

这么好的东西，为什么科学家开始不满意了呢？

（二）现有的量子纠缠方案，应用场景有限

科学家不是对量子纠缠的原理不满意，而是觉得现有的远距离量子纠缠方案，可应用的范围不够大。

现有的远距离量子纠缠都是用光子实现的。光子这玩意儿大家都知道，只能以光速运动，永远也不可能停下来。

这就产生了 3 个问题：

问题 1：光子跑得越远，衰减就越厉害，传输效率太低。

这就好比不靠谱的快递员，你寄 1000 个快递，他给你弄丢 999 个。

（美编：山小魈，难道你的快递也在路上被弄丢了？）

问题 2：光子停不下来，它携带的量子信息也就停不下来。这就导致其中的量子信息没法在一个地方存储。这就好比你有个快递，每天在天上飞，你都不知道上哪儿找去。

问题 3：要想读取光子的信息，就要把光子吸收掉，即进行破坏性测量。这就好比你买了个 U 盘，只能读一次数据，读完以后 U 盘就坏了，你下次还得重新买一个，天天都得叫快递。

要是继续沿着原来的思路走，量子纠缠要么不能“出村”，要么就算“出了村”，运行效率也会很低。所以，科学家决定换一个思路：让两个原子产生量子纠缠。

（三）如何让两个原子产生量子纠缠？

2019 年 12 月，中国科学技术大学潘建伟、包小辉和张强，联合济南量子技术研究院、中国科学院上海微系统所的合作者，分别在 22 千米（室外）和 50 千米（室内）的距离上，用两种方法，让两地的原子产生了量子纠缠。他们的研究结果发表在了《自然》杂志上。

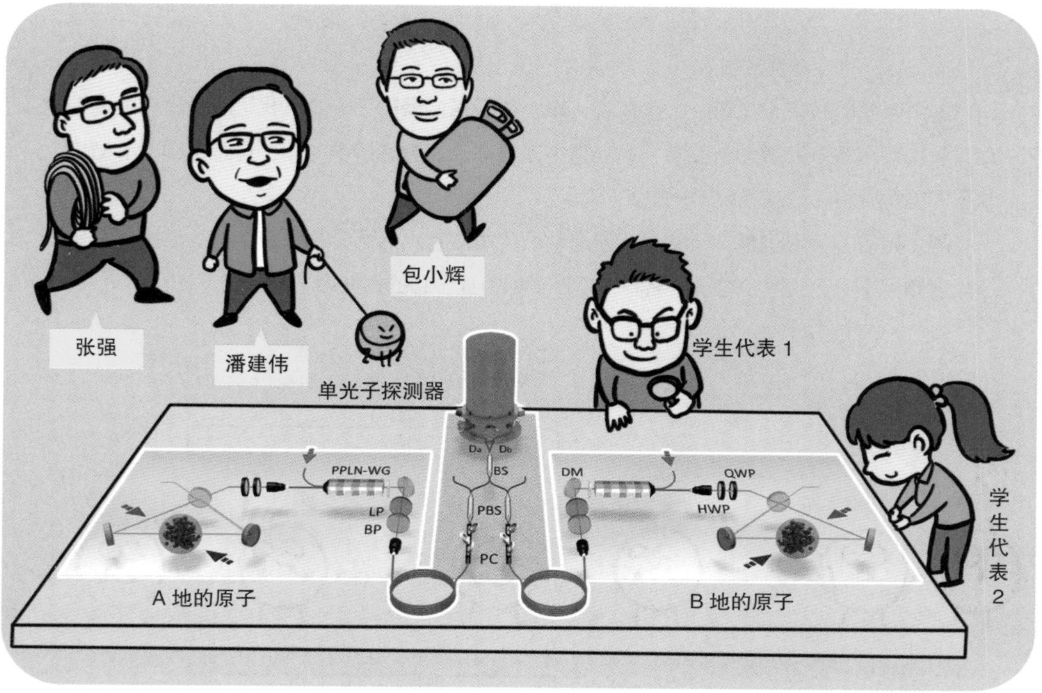

为了说明实验原理，我们先来看看，如何让两个原本不纠缠的粒子，产生量子纠缠。通常有两招。

第一招：让两个粒子发生相互作用。

这个道理很简单。假如有一个原子，有一个光子。用激光照一下原子，它们就有一定概率产生量子纠缠。研究组的第一步就是这么做的。

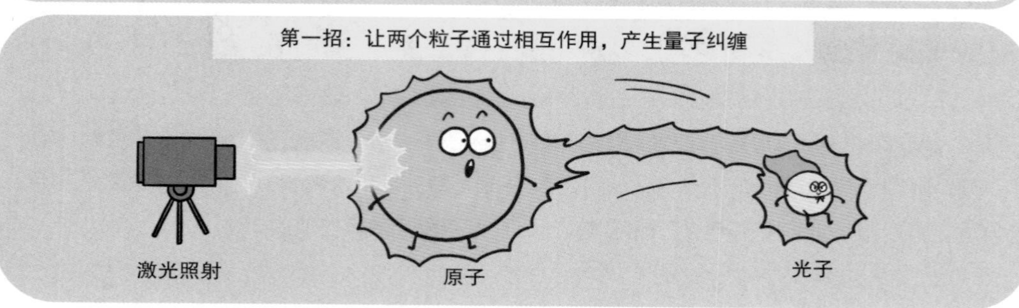

第二招：进行特殊测量。

这个道理稍微有点儿复杂。这有点儿像，你脚底打滑摔了一跤。我可以说是你主动撞地球了，你可以说不知道怎么回事，是地球主动撞你了。到底是谁主动，这是个相对的概念，从不同的角度看，结论就会不一样。

两个粒子的关系也是一样的。你要是从一个角度看，这两个粒子没纠缠。你要是从另一个角度看，不得了，两个粒子居然同时处于 2 种相互矛盾的纠缠态。

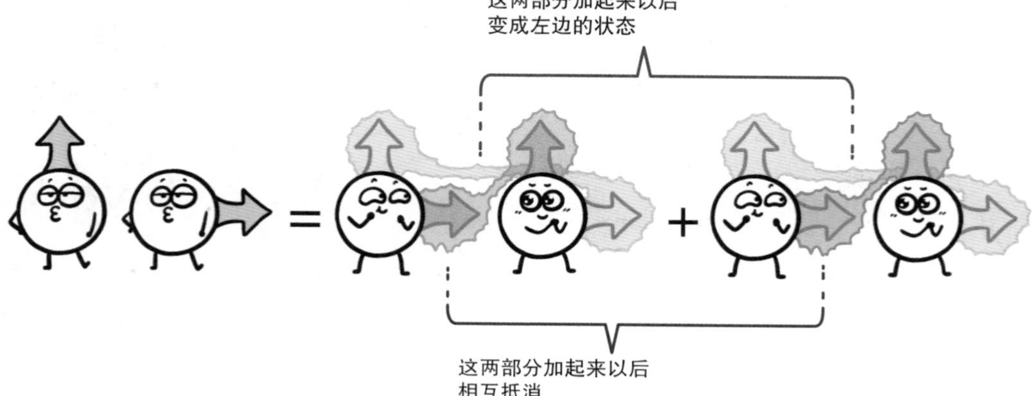

这个时候，科学家只要从纠缠的角度进行测量，就会让这两个粒子真的产生纠缠。研究组的第二步就是这么做的。

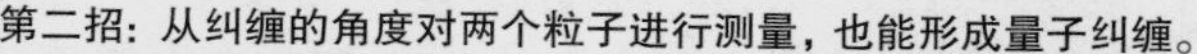

第二招：从纠缠的角度对两个粒子进行测量，也能形成量子纠缠。

（四）如何让相距 50 千米的两个原子发生量子纠缠？

研究组就是通过联合使用这两招，让相距 50 千米的两个原子形成了量子纠缠。不过，实验的具体原理很复杂。在此以画马教程为例，我刚说了开头怎么画，现在要“踩油门”，进行思维加速，直接跳到马画好的样子了。

请各位乘客抓好门把手，系好安全带。

首先，以上说的方法不能直接用。为什么？因为两个原子不在一个地方，不可能直接发生相互作用，所以第一招不能直接用。两个原子不在一个地方，不可能同时对他们进行测量，所以第二招也不能直接用。

研究组心想，这就好比两方谈判。两个大哥不在一个地方，但是可以派两个小弟到一个地方谈，谈完了大哥再签字认可不就完了？

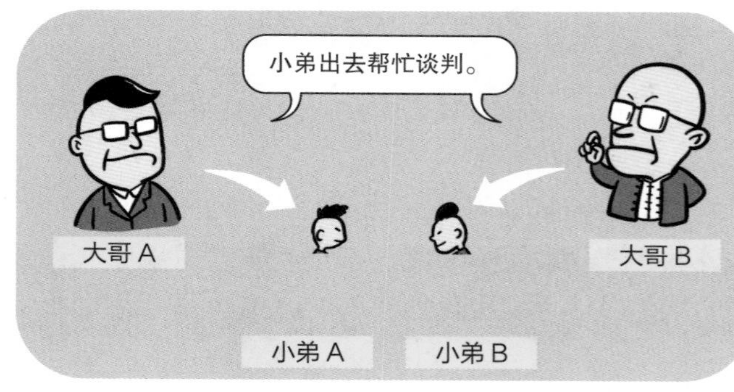

所以，我们可以让两个原子各自派一小弟，让这两个小弟跑到一个地方接受测量。由于量子纠缠有个特性，就是两个粒子结拜兄弟了，存在很强的关联。你要是测了其中一个，就等于同时测了两个。

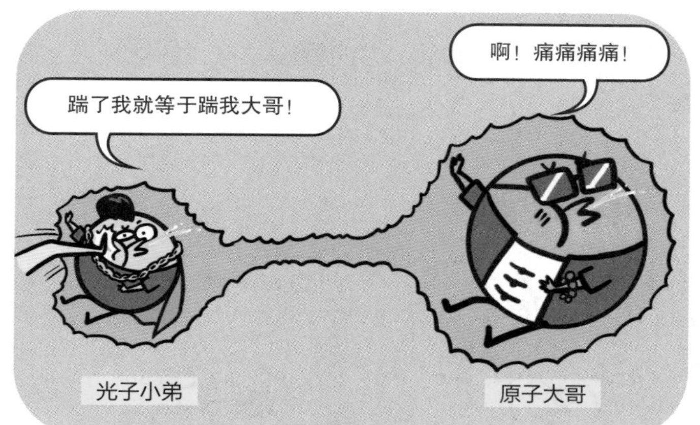

你要是让两个小弟跟大哥之间有纠缠，那么如果两个小弟之间形成了新的纠缠，就可以同时让两个大哥之间也形成新的纠缠。

想明白这件事，具体的实验就好办了。研究组先是用第一招，让 A 地和 B 地的两个原子，分别和两个光子形成量子纠缠。这两个光子就是小弟。

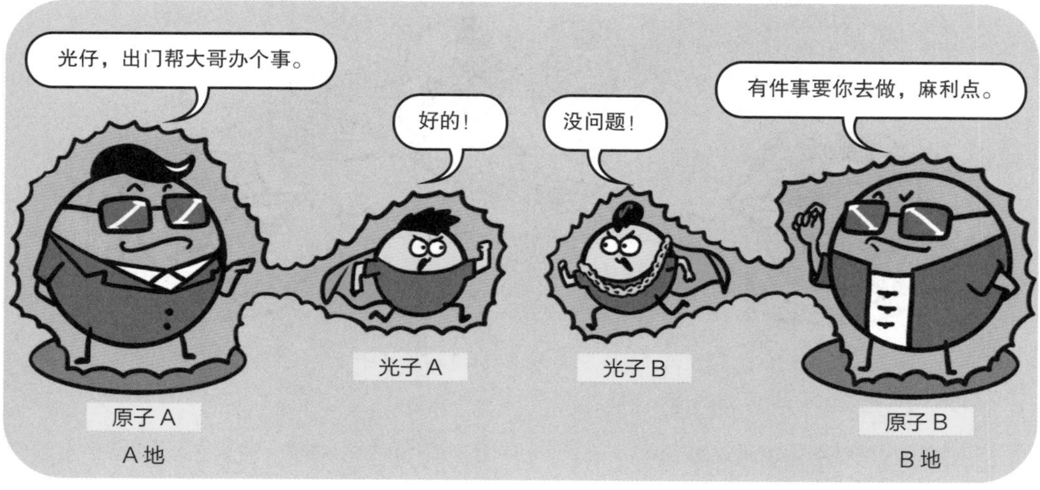

然后，研究组让两个光子来到 A 和 B 的中间，之后通过第二招，让它们形成新的量子纠缠。

于是，另外两个原子也同时因此而形成新的纠缠了。

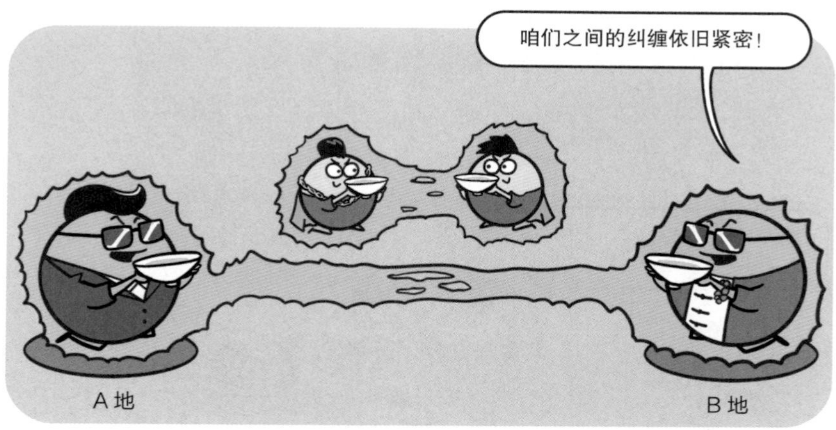

这只是研究组使用的第一种方案——“双光子”方案。

在此基础上，研究组还使用了另一种“单光子”方案，并将纠缠距离延长到了 50 千米。这两种方案的思路是一样的，只是光子和原子纠缠的具体形式不同。

在“单光子”方案中，纠缠中的光子处于一种“既生又死”的叠加态中。

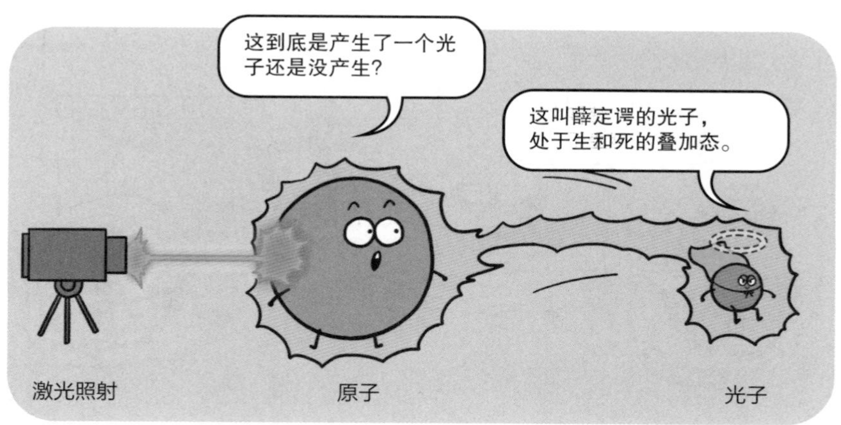

虽然这么做会增加实验难度，但也有好处。这两个“半死不活的光子”只要有一个活着把信息送到，纠缠就能形成。

因此，“单光子”方案的纠缠成功率更高。

	难度	距离	纠缠成功率
单光子方案	高	50 千米	高
双光子方案	一般	22 千米	一般

于是，量子纠缠终于成功“出村”了！

（五）迈出“量子互联网”基础设施的第一步

看到这儿，你可能有疑问。这两个原子才距离 50 千米，也就相当于出了村刚到乡里。

其实，这里的关键在于，原子不会乱跑。它可以像互联网的中继器一样，老老实实待在一个地方，收到信息就存起来，需要发送的时候再发出去，不会动不动玩消失，也不会只用一次就坏了。

这是整天乱跑的光子做不到的。

所以，这个实验相当于，做出了一个能“出村”的1量子比特的中继器。将来要去更远的地方，多弄几个量子比特，再多弄几个交换器，一个节点一个节点连过去就好了。

也许到了将来的某一天，科学家可以用类似的思路，铺设一套“量子互联网”的基础设施，让远距离、大规模、安全交换量子数据成为可能。

参考文献：

1. Briegel H J, Dür W, Cirac J I, et al. Quantum repeaters: the role of imperfect local operations in quantum communication[J]. Physical Review Letters, 1998, 81(26): 5932.
2. Duan L M, Lukin M D, Cirac J I, et al. Long-distance quantum communication with atomic ensembles and linear optics[J]. Nature, 2001, 414(6862): 413.
3. Zhao B, Chen Z B, Chen Y A, et al. Robust creation of entanglement between remote memory qubits[J]. Physical Review Letters, 2007, 98(24): 240502.
4. Kimble H J. The quantum internet[J]. Nature, 2008, 453(7198): 1023.
5. Yu Y, Ma F, Luo X Y, et al. Entanglement of two quantum memories via fibers over dozens of kilometres[J]. Nature, 2020, 578(7794):240-245.

第四章
中国科学家研制出首个有潜在应用的量子计算原型机

The Iron Horse Wins, Carl Rakeman（图片来源：美国联邦公路局）

火车刚发明的时候，速度都赶不上马车。

莱特兄弟试飞（1902 年）（图片来源：美国国家航空航天局）

飞机刚发明的时候，只能在天上坚持飞1分钟。

量子计算机刚发明的时候，速度快不到哪儿去，计算过程也坚持不了几分钟，而且最关键的是，不少人心里总想：这会有什么用呢?

量子计算机到底有用吗？本章就来介绍一款速度快、稳定性高、有潜在应用的新型量子计算装置：“九章”。

那么，这种装置具体有什么用呢？别急别急，让我先介绍它的原理——高斯玻色采样，然后再介绍它的潜在用途。

（一）什么叫玻色采样？

不管是量子计算机，还是普通的经典计算机，它们最基本的原理都是做数学计算。具体来说，你给它们一道题，然后稍微等上一会儿，它们就会给你一个计算结果。

我们来设想一道题。假如我有一大堆小球，把它们一个个地扔进一种叫作“高尔顿板”的装置，该装置中整整齐齐钉着几十个钉子，下面还有许多出口。

接下来，请听题：

小球掉在3号出口的概率等于多少？

如果你数学学得比较好，就会发现，解这道题需要用一个叫作“二项分布”的统计学公式。

算法一

假如我继续追问，如何计算“二项分布”的统计学公式，你又该怎么办呢？

你也许会想，这还不简单，计算机不就是干这个的吗？只要把“二项分布”公式输入经典计算机，稍微等一会儿，它就会扔给我们一个计算结果。

除了这种办法以外，至少还有另外一种办法，就是直接让心灵手巧的人做一块“高尔顿板”，然后往里面扔1万次小球。数一数3号口小球的数量，就能算出小球掉在3号口的概率。

第一种办法叫硬算，第二种办法叫采样。

当然，如果不是有特殊需要，绝大多数人都会选择第一种办法，因为它很方便。

如果你扔的不是小球，而是量子力学中的光子呢？情况就完全反转了。这个时候，采样的办法就会比硬算的办法方便很多。

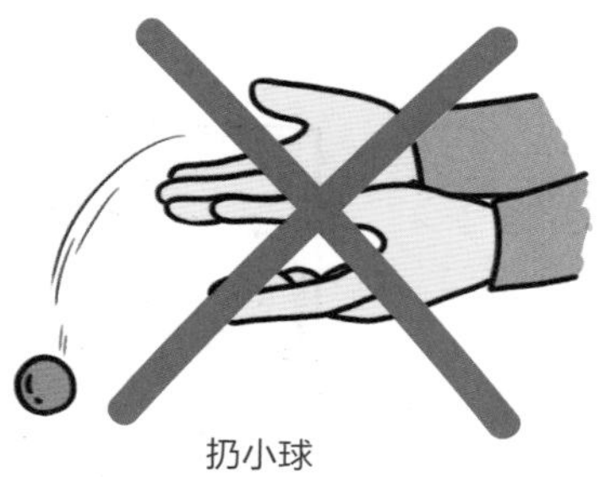
扔小球

扔光子

由于光子在量子力学中被归类为“玻色子”。所以，这样的装置就被量子计算专家称为“玻色采样”装置。

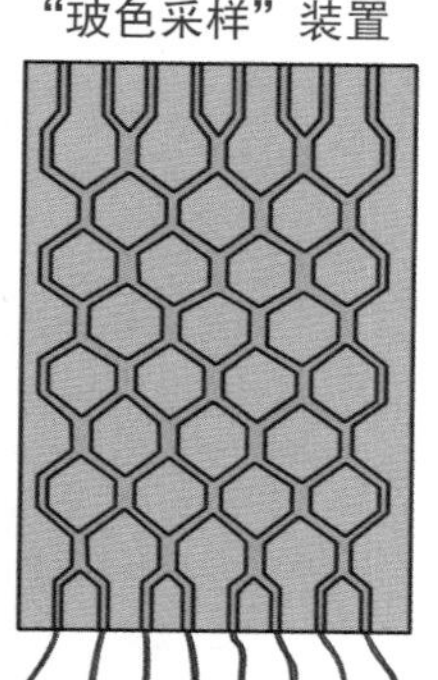
“玻色采样”装置

说到这儿你可能不信，为什么光子被扔进去以后，问题会变得那么复杂呢？

（二）玻色采样为什么那么复杂？

这还不都是因为量子力学嘛！

量子力学赋予了光子很多匪夷所思的性质。

比如，如果一个小球从 3 号出口跑出来，那么它中间走过的路径一定是确定的。

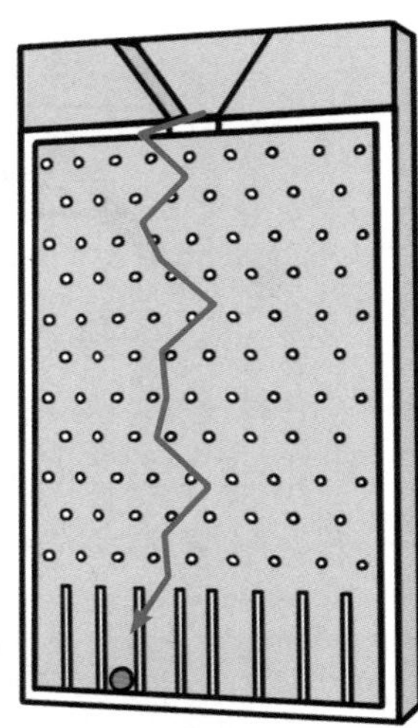

但光子不是这样的。不管光子从 3 号口还是 4 号口跑出来，它一定是走过了其中所有可能的路径！

而且，这还没有完。

如果小球经过两条可能的路径后，到达了 3 号出口，那我们就把两条路径对应的概率直接加起来就可以了。

两个路径的概率可能相加，也可能抵消，也可能部分相加或部分抵消

你怎么还越来越复杂了呢？！

1 2 3 4 5 6 7 8

但光子不是这样。光子的不同路径之间不但可以相互叠加，还可以相互抵消，具体结果视情况而定，非常复杂。

而且，这还没有完。

如果你每次不是放进去 1 个光子，而是同时放进去好多个光子。这些光子之间还会产生更复杂的量子统计效应。

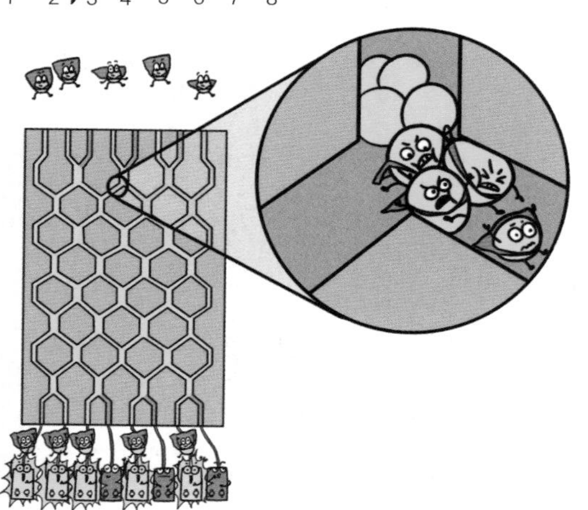

这时，要想计算“从 N 个不同的出口同时跑出光子”的概率，我们刚才说的“二项分布”公式就不管用了，要用一种复杂的“积和式”公式来计算。

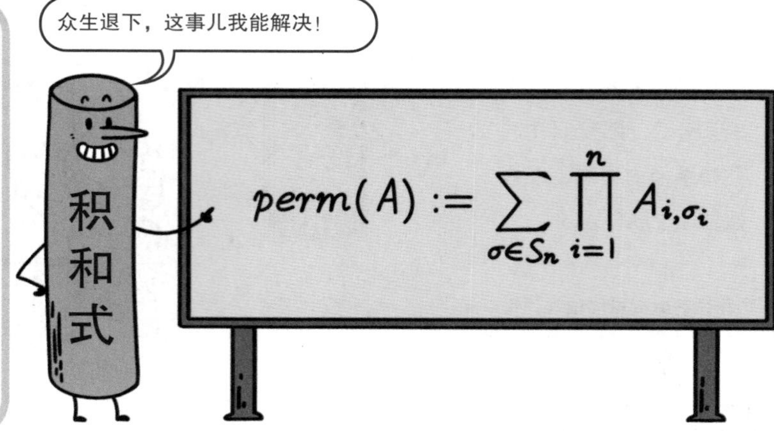

“积和式”的计算复杂度会随着 N 的增大而呈指数增长。

假如 N 的值很小，咱们用经典计算机就可以凑合着做计算。

但假如出口个数和光子数量稍微变大一点，那么需要计算的“积和式”个数就会非常多，多到全世界的硬盘都装不下。这时，要想用经典计算机来求解光子分布的概率，就只能像刚才的第二种算法一样，进行采样。

另外，对于单个“积和式”，比如 N=50，即使是世界上速度最快的超级计算机，也要算上好几个小时，才能完成一次采样。所以，用经典计算机来生成大量样本的方法也是行不通的。

于是，在面对这样的难题时，“玻色采样”装置就有了用武之地。由于它像计算机一样，能够在较高的精度上解决特定的数学问题，同时又应用了光子的量子力学特性，所以可以被称作是一种“光量子计算机”。

那么，$N>50$ 的光量子计算机，物理学家能造出来吗?

（三）“九章”：探测 76 个光子的高斯玻色采样机

虽然前面介绍的这种光量子计算机能解决特定的数学问题，但是这样的数学问题并没有明显的应用价值。所以，能不能把它造出来，并不是本章要关注的问题。

本章要关注的是有潜在应用的光量子计算机，而这样的光量子计算机的原型机已经有人造出来了。

中国科学技术大学潘建伟、陆朝阳等组成的研究团队与中国科学院上海微系统所、国家并行计算机工程技术研究中心合作，成功对从前的“玻色采样”装置进行升级，研制出 $N = 76$、具有潜在应用的量子计算原型机：“九章”。（以“九章”命名是为了纪念中国古代最早的数学专著《九章算术》。）

2020 年 12 月 4 日，《科学》杂志以“快讯”形式发表了该项成果。

“九章”和之前说的玻色采样机的主要区别在于，输入的光子状态。

玻色采样机输入的是一个个独立的光子，而“九章”输入的是一团团相互关联的“量子光波”。

这种“量子光波”有一种神奇的特性。假如你把一团这样的“量子光波”放进采样机中，可能会跑出来 2 个光子，可能会跑出来 4 个光子，也可能会跑出来 6 个光子……

但后面几种情况发生的概率比较小，所以，这团“量子光波”总体上可以看作是由 2 个光子组成的。它有一个专门的名字，叫作“压缩光”。

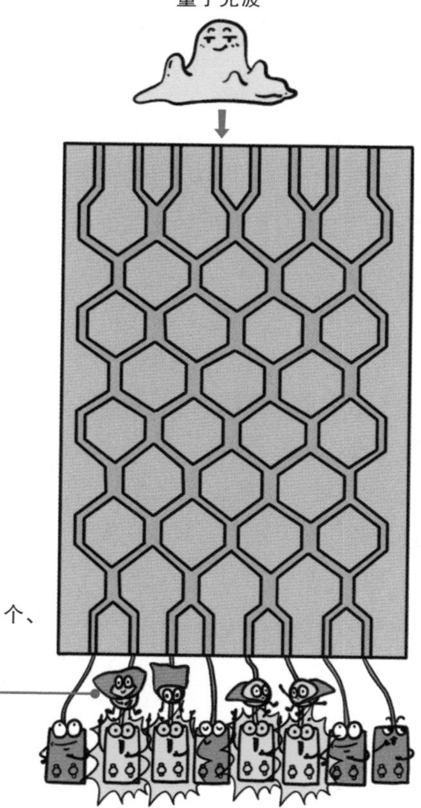

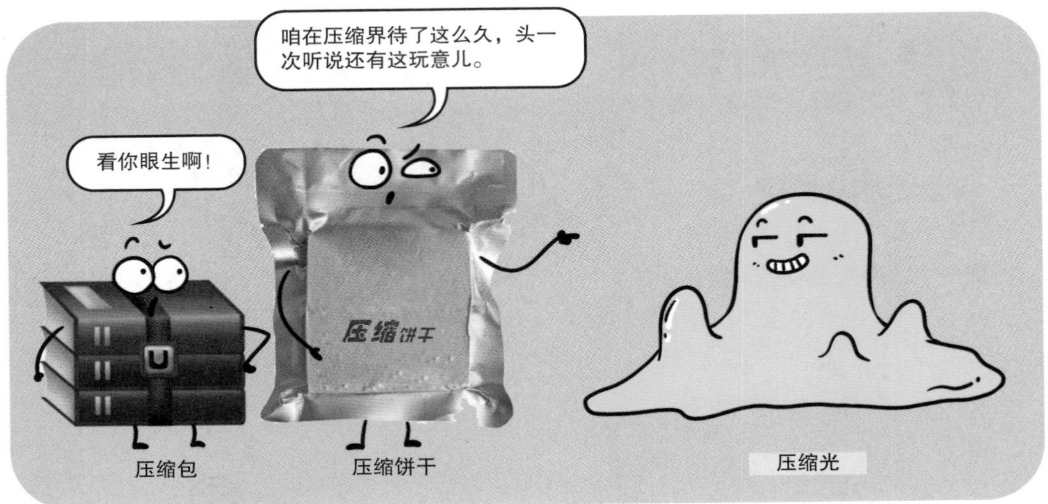

如果设置100个输入口，从中选择50个，分别输入50团“压缩光”，然后在100个出口处摆上探测器，一个高斯玻色采样的量子计算原型机“九章”就做成了。由于“压缩光”的特殊性质，“九章”最多时可以探测76个光子的采样结果。所以，它相当于一台76个光子的量子计算原型机。

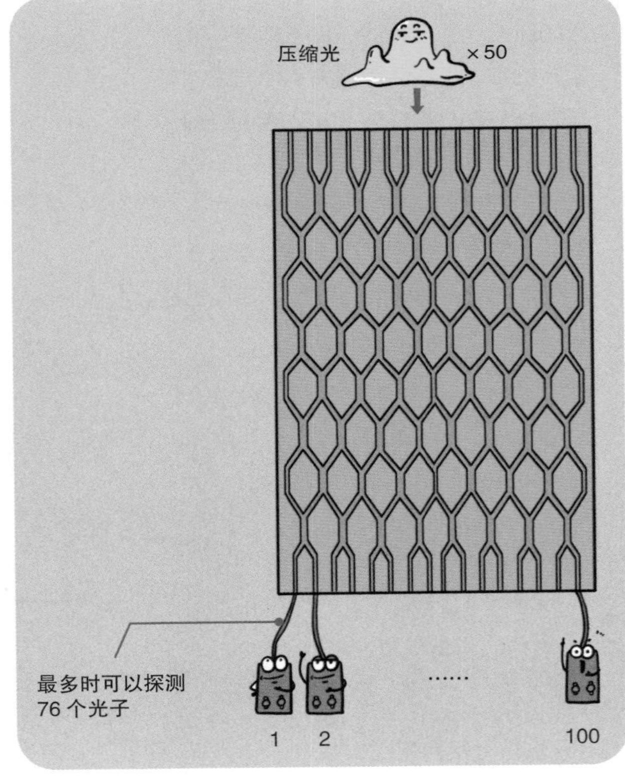

“九章”的研制展现了两个重要突破。

首先，它比经典计算机快很多倍，真正体现出了“量子计算优势”。

具体来说，它计算的问题已经不是上文说的“二项分布”或者“积和式”问题了，而是一种“哥本哈根式”（Hafnian）问题[1]。

这个问题有多复杂呢？相关研究论文指出，要完成“九章”执行的任务，我国当时最快的“太湖之光”超级计算机，需要运行 25 亿年。

而这一切，“九章”只用了 200 秒。

所以，“九章”体现出了真正的“量子计算优势”。

说到这儿你可能会问，这玩意儿真的有用吗？

（四）帮助生物学家筛选药物分子

最近，加拿大一位计算机学家指出，使用能进行高斯玻色采样的光量子计算机，也许可以帮助生物学家筛选药物分子。

简单来说，一种药物要想起作用，它的分子就得像钥匙搭配锁一样，能跟目标生物分子稳定地结合在一起。

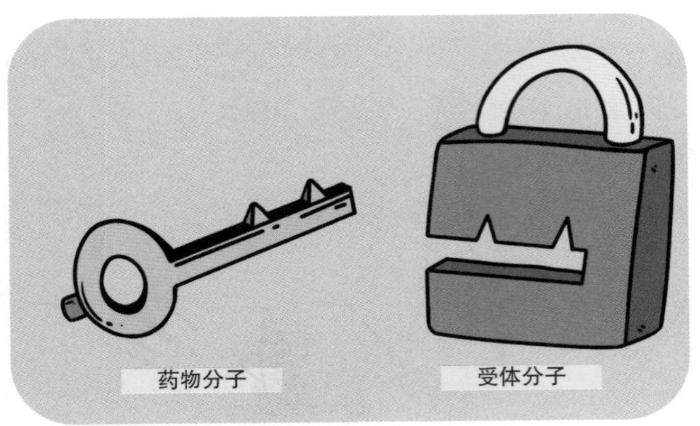

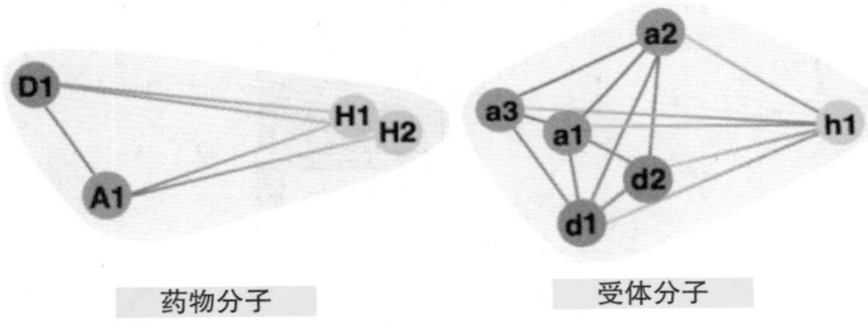

但是，要想搞清楚一种药物会不会起作用并不容易。因为药物分子和目标生物的受体分子都是由大团原子组成的三维结构。

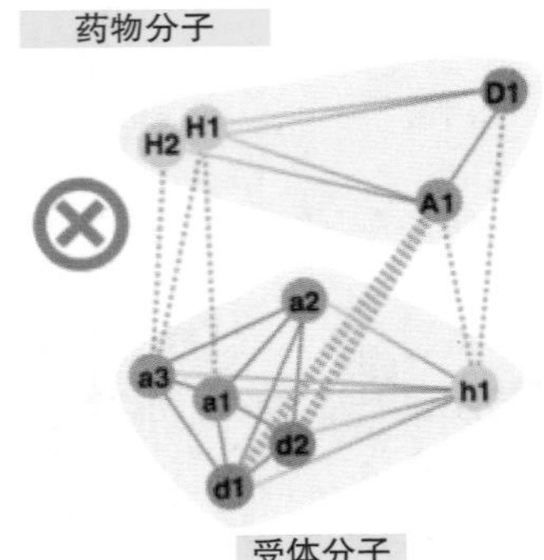

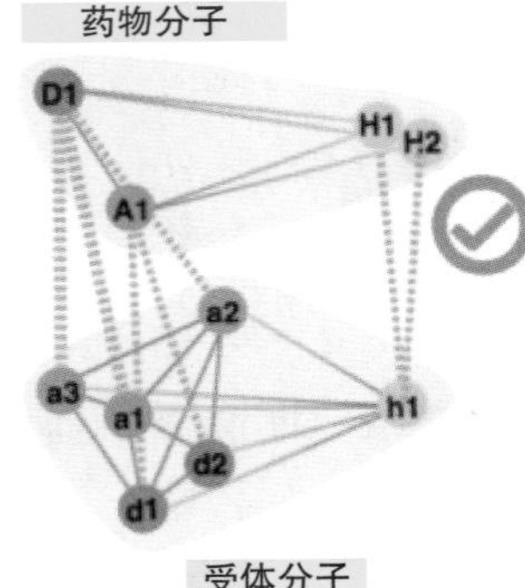

两团原子到底能不能配在一起，这是一个非常复杂的量子力学问题，现有的计算机加在一起也不可能算出来。所以，生物学家即使设计出来一大堆药物分子，他们也不可能用经典计算机判断有没有用。

但如果有了光量子计算机，那就不同了。

计算机学家会把两大团原子的匹配问题，转化成数学中的一种“图论”问题。

如果把这种“图论”问题写成公式，正是我们在上文提到的“哥本哈根式”。这正是光量子计算机的拿手本领。

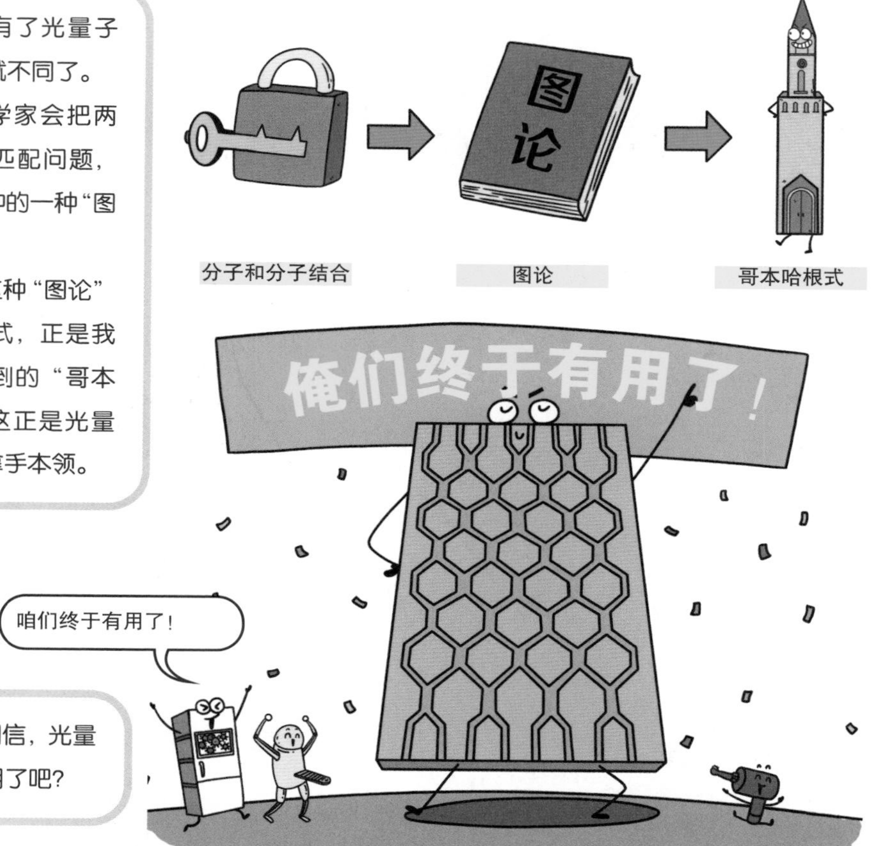

现在你相信，光量子计算机有用了吧?

中国物理学家研制出的“九章”，不但体现了真正的“量子计算优势”，而且还是一台具有潜在应用价值的量子计算原型机。

其实，大家不知道量子计算到底有什么用，是一件很正常的事。因为量子计算就像其他技术一样，需要经历几个不同的阶段才能发展成熟。在初级阶段，量子计算追求的是原理上的可行、实验上的实现、计算效率的超越。

初级阶段的量子计算，可能就像 1804 年的火车和 1903 年的飞机一样，科学意义大于实用价值。

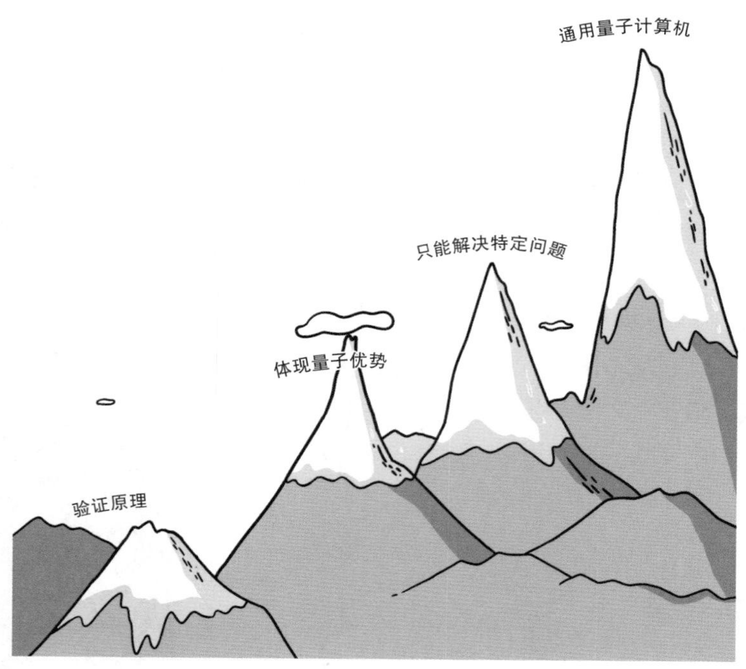

不管量子计算机现在有多么初级，总有一天，它会像曾经的火车和飞机一样，一步一步向我们走来。

注：

1. 在拉丁文中，丹麦首都哥本哈根叫作 Hafnia。所以，本文把 Hafnian 译作哥本哈根式。本实验做算力基准测试时，实际使用的是哥本哈根式的推广，叫作多伦多式（Torontonian）。

参考文献：

1. Zhong H S, Wang H, Deng Y H, et al. Quantum computational advantage using photons[J]. Science, 2020, 370(6523):1460–1463.
2. Gard B T, Motes K R, Olson J P, et al. An introduction to boson–sampling[M]//From atomic to mesoscale: The role of quantum coherence in systems of various complexities. Chennai: World Scientific, 2015: 167–192.
3. Wang H, He Y, Li Y H, et al. High–efficiency multiphoton boson sampling[J]. Nature Photonics, 2017, 11(6): 361–365.
4. Hamilton C S, Kruse R, Sansoni L, et al. Gaussian boson sampling[J]. Physical Review Letters, 2017, 119(17): 170501.
5. Banchi L, Fingerhuth M, Babej T, et al. Molecular docking with gaussian boson sampling[J]. Science Advances, 2020, 6(23): eaax1950.

第五章
量子计算优越性 +2up:
我国团队同时升级了两种量子计算原型机

假设我们正在玩“扔硬币”的游戏。请你猜一猜，我扔出硬币正面的概率是多少？

你肯定会说，这太简单了！连小学生都知道，一枚硬币扔出正面的概率是 50%——如果其中没有什么猫腻的话。

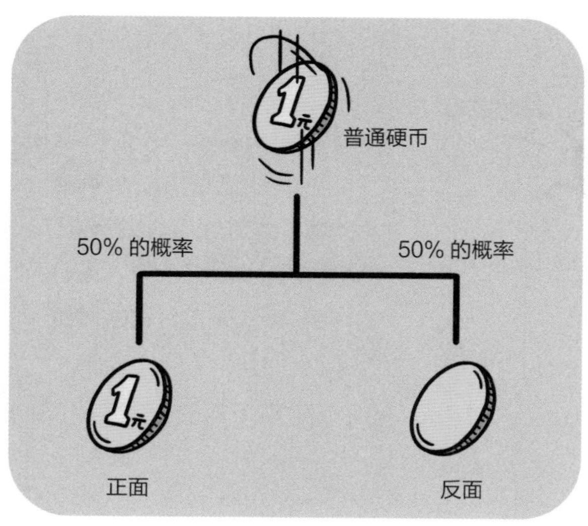

现在，我要问个难一点的问题：假如我们扔的不是普通硬币，而是一枚量子硬币呢？

这个时候，你可能就愣住了，会问：“量子硬币是什么东西呢？”

（一）量子比特：一种量子的硬币

世界上任何一台量子计算装置中，都包含一种量子的硬币。这种量子硬币有一个我们熟知的名字：**量子比特**。

量子比特是量子计算机操纵的基本数据单元。跟经典计算机中的经典比特类似，我们通常用0和1来表示它的两种输出。

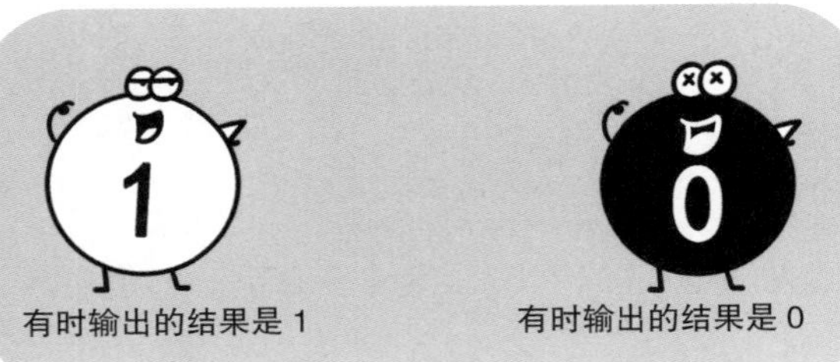

但跟经典计算机中的经典比特有所不同，一个量子比特不仅可以等于0（或等于1），它还可以处于一系列“同时处于0和1”的量子叠加状态。

那么，为什么我们可以把量子比特看作一种量子硬币呢?

这是因为，当一个量子比特处于某个“同时处于 0 和 1”的量子叠加状态时，如果你要从量子计算机中读取它，它并不是直接输出这个叠加状态给你看，而是会立刻改变原先的量子叠加状态，并随机地变成“等于 0”或“等于 1”的状态，再输出给你看。

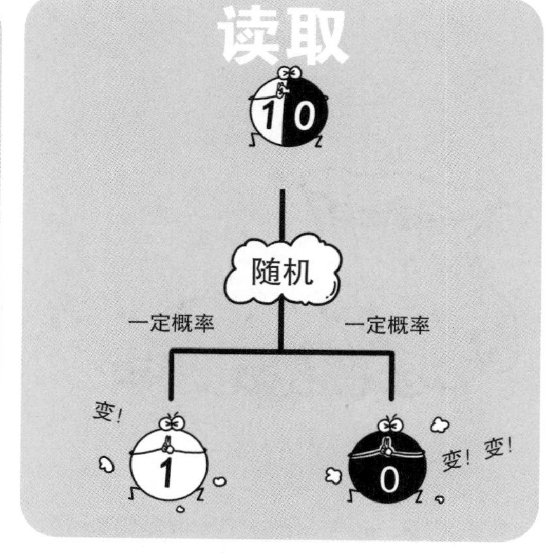

也就是说，读取一个量子比特的过程，就像你在扔一枚量子硬币，完全是随机发生的。

同时，读取一个量子比特的结果，也像你在扔一枚量子硬币，结果要么是1（如同硬币的正面），要么是0（如同硬币的反面），绝对不会存在其他结果。

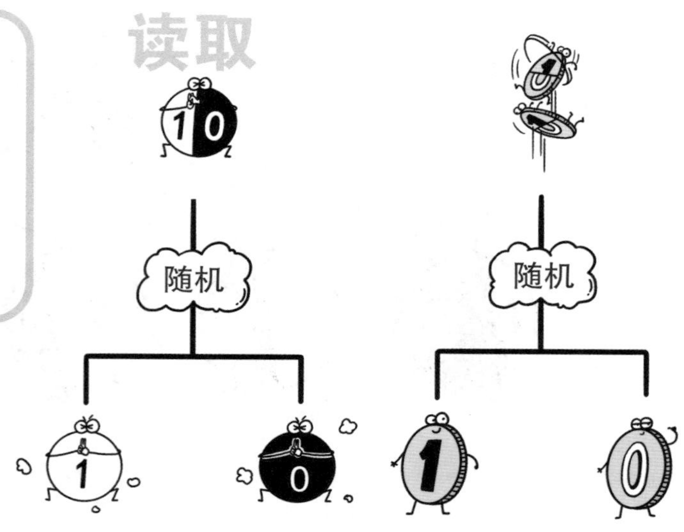

如此看来，量子比特真的可以看成某种基于量子力学原理的硬币。

了解了量子比特就是一种量子硬币，我们再回到刚才的问题：假如我们扔出一枚量子硬币，它正面朝上的概率是多少呢?

（二）概率的概率分布：量子硬币的输出

对于这个问题，物理学家的回答是，这要看量子比特具体处于何种量子状态。一枚普通硬币，只要随机地扔出去，出现正面和出现反面的概率一定各占 50%。但对于量子硬币（量子比特）来说，情况就不一样了。

处于某种特殊量子状态的量子硬币，不管你怎么扔，它出现正面的概率都是 100%。

处于另一种特殊量子状态的量子硬币，不管你怎么扔，它出现正面的概率都是 0。

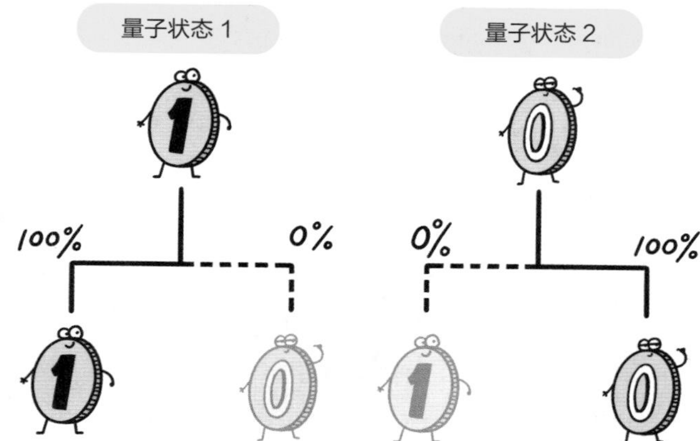

同理，处于各种量子叠加状态的量子硬币，不管你怎么扔，它出现正面的概率都是固定不变的，我们记作 x；同时，它出现反面的概率也是固定不变的，等于 100% − x。只不过，对于某些量子叠加状态而言，x = 10%；对于另一些量子叠加状态而言，x = 13.6%……总之，根据所处量子状态的不同，x 可以在 0 到 1 之间任意取值。

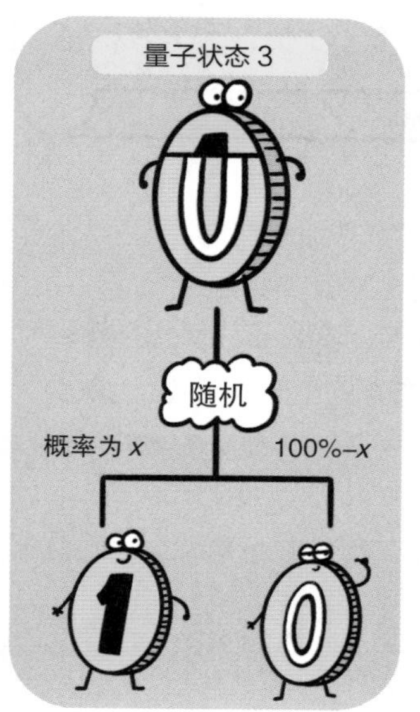

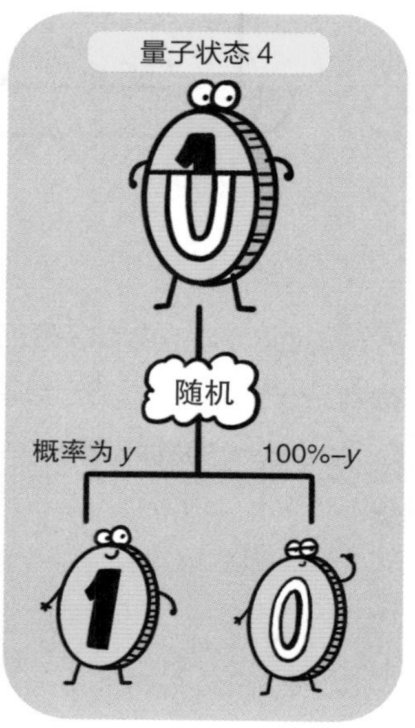

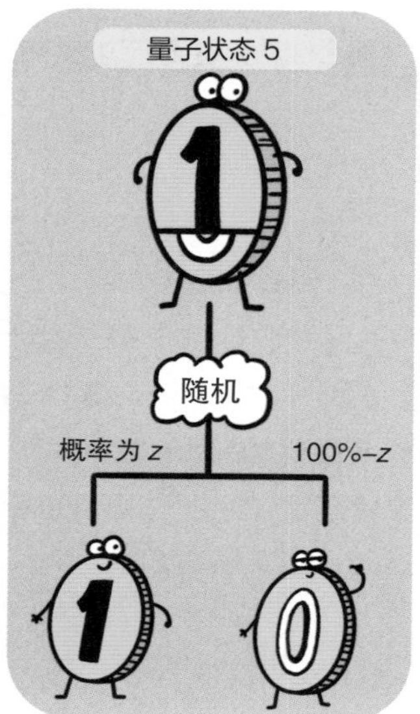

所以，要想知道量子硬币扔出以后正面朝上的概率，我们就得预先知道这枚量子硬币处于以上哪种情况。用物理学的行话来说，**我们得预先知道这个量子比特处于哪一种量子状态。**

可是，如果我不告诉你这枚量子硬币属于以上哪种情况呢？或者说，我们根本不知道这个量子比特处于哪一种量子状态呢？

这时，物理学家能给出的唯一合理答案是，以上情况皆有可能，每种情况的出现都对应一定的概率。如果“把正面朝上的概率大小”画成一张概率分布图，那么你就会看到右边这样的图。

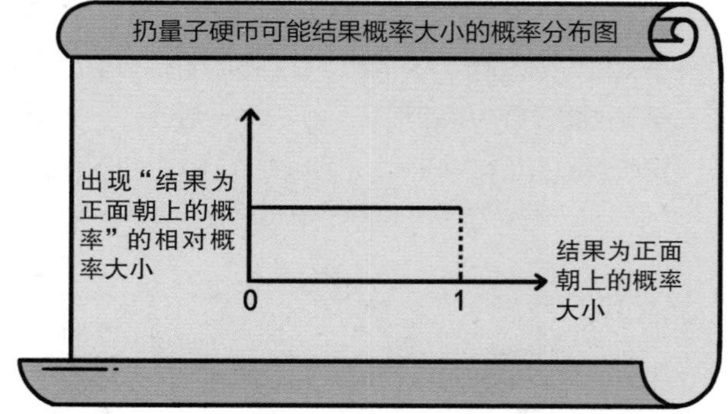

这张图的意思是：

我们有 1% 的概率得到一枚处于特定量子状态的量子硬币，将它“扔出正面朝上的概率为 0 ~ 1%”；我们有 1% 的概率得到另一枚处于不同特定量子状态的量子硬币，将它“扔出正面朝上的概率为 1% ~ 2%”……我们有 1% 的概率得到又一枚处于不同特定量子状态的量子硬币，将它“扔出正面朝上的概率为 99% ~ 100%”。

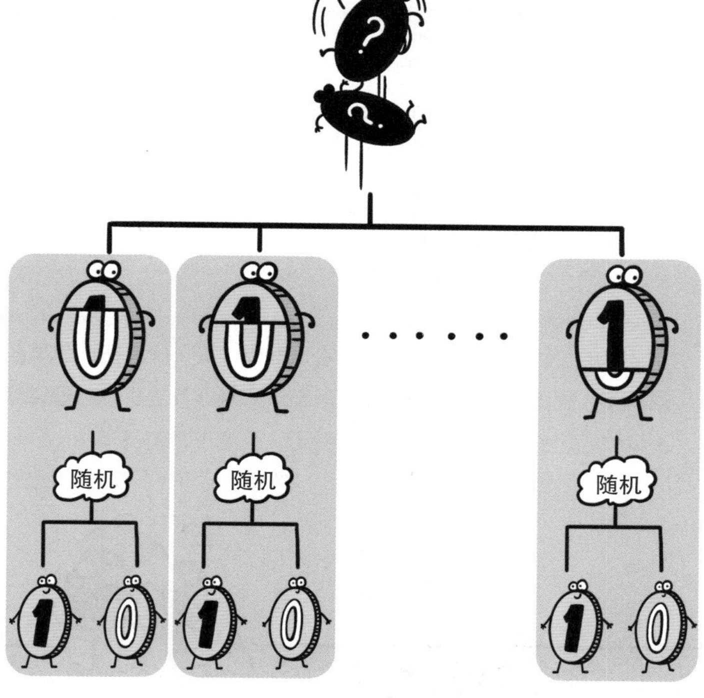

这就是物理学家对这个问题能给出的最好回答。

为什么这个回答这么绕呢？因为量子力学算出来就是这个结果。由于计算过程涉及一定的数学知识，在此就不具体讨论了。

你只需要知道，假如扔出一枚量子硬币，问它正面朝上的概率是多少。正确的答案不是一个具体的概率值，而是一张关于概率大小的概率分布图，就可以了。

现在，我又要提高问题难度了：假如我们扔的不是一枚量子硬币，而是一枚具有 2^N 个面的多面量子骰子呢？

（三）体现量子计算优越性：扔出 2^N 个面的多面量子骰子

说到这儿，你可能会有点儿不耐烦了。我们好不容易搞清楚了一枚具有正反面的量子硬币怎么扔，现在为什么突然要去研究具有 2^N 个面的多面量子骰子呢？

这是因为，这个问题涉及量子计算的优越性。

我们经常听物理学家夸量子计算，说量子计算千好百好！那量子计算到底好在哪儿呢？

用一句话概括量子计算的好处，就是：量子计算在计算某些特定问题时，比经典计算高效得多！相比量子计算，世界上最高级的经典计算机在处理某些特定问题时，效率跟水熊虫跑马拉松、蜗牛拉中欧班列、树懒爬珠穆朗玛峰差不多。

这就叫**量子计算的优越性。**

于是问题又来了，量子计算在处理哪些特定问题时，能够切实体现量子计算的优越性呢？

其中一个问题，就是我们刚才说的，扔一枚具有 2^N 个面的多面量子骰子。

跟扔量子硬币不同，扔一枚具有 2^N 个面的多面量子骰子，我们得到的不是正面朝上或反面朝上两种结果，而是会得到 1 号面朝上、2 号面朝上……2^N 号面朝上，共 2^N 个不同的结果。这些结果分别对应 N 个量子比特输出“000…0”（N 个 0）、输出“000…1”（$N-1$ 个 0 和 1 个 1）……输出“111…1”（N 个 1），共 2^N 个不同的结果。

00000 ……00

00000 ……01

00000 ……10

……

11111 ……11

共 2^N 个不同的结果。

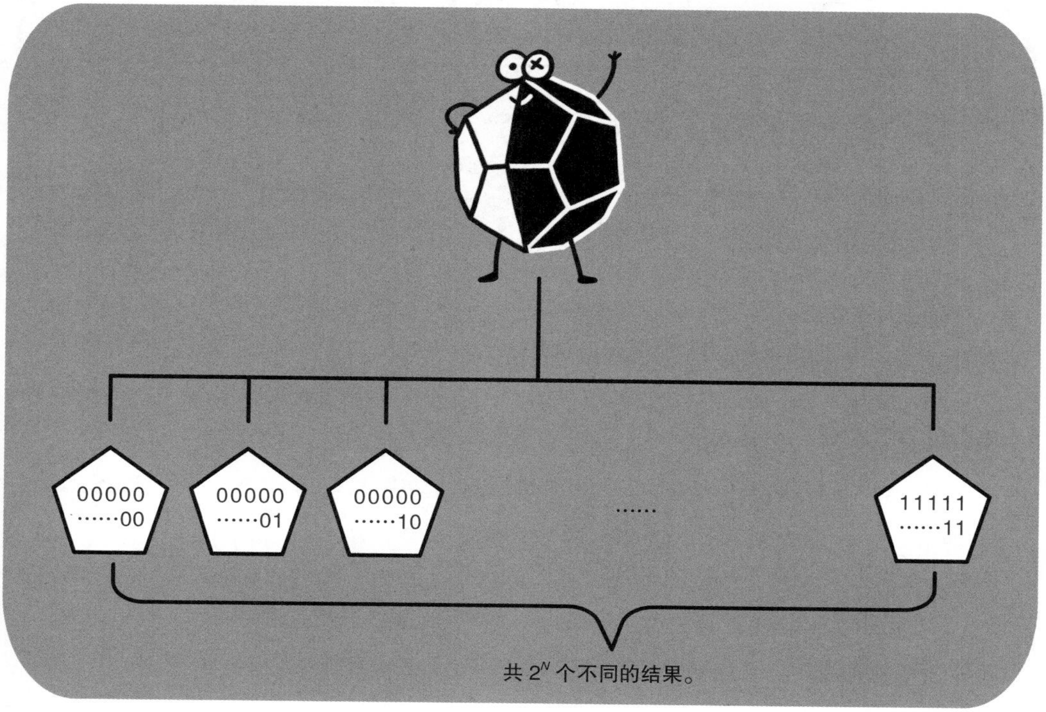

跟扔量子硬币类似，对于一枚特定的多面量子骰子，它1号面朝上、2号面朝上……2^N号面朝上的结果出现的概率都是固定不变的。这些概率的具体数值取决于扔骰子时，骰子对应何种量子状态。

同样，跟扔量子硬币类似，多面量子骰子本身可以处于各种不同的量子状态。如果两个多面量子骰子所处的量子状态不同，它们扔出各种结果的概率也往往会各不相同。

概率各不相同

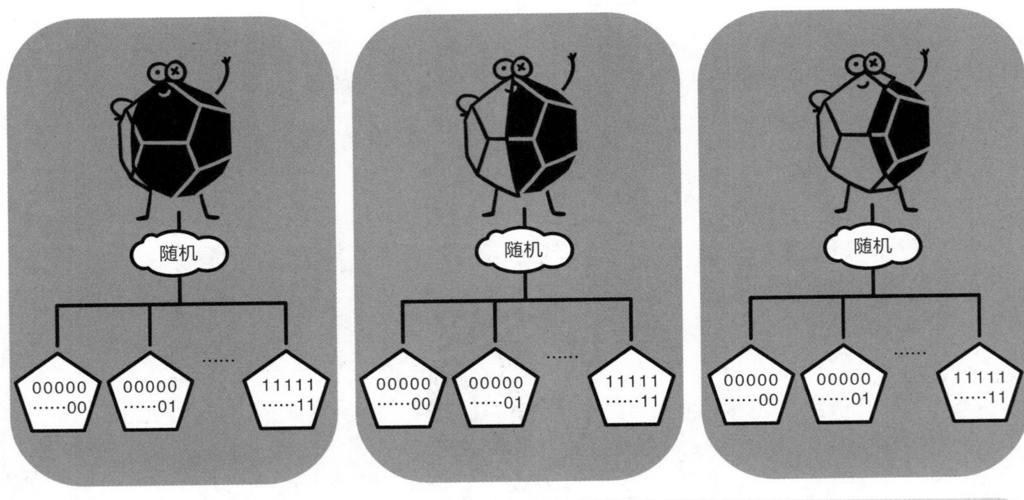

最后，仍然跟扔量子硬币类似。如果我问，扔一枚多面量子骰子，得到1号面朝上、2号面朝上……2^N号面朝上的结果出现的概率分别是多少?

你只能回答：我们有a%的概率得到一枚处于特定量子状态的多面量子骰子，它1号面朝上、2号面朝上……2^N号面朝上的结果出现的概率分别是a_1%、a_2%、a_3%……

我们有b%的概率得到一枚处于另一种特定量子状态的多面量子骰子，它1号面朝上、2号面朝上……2^N号面朝上的结果出现的概率分别是b_1%、b_2%、b_3%……

……

这个问题回答起来实在是太麻烦了。所以，为了简单起见，我们把最终所有可能的结果画成一张概率分布图。

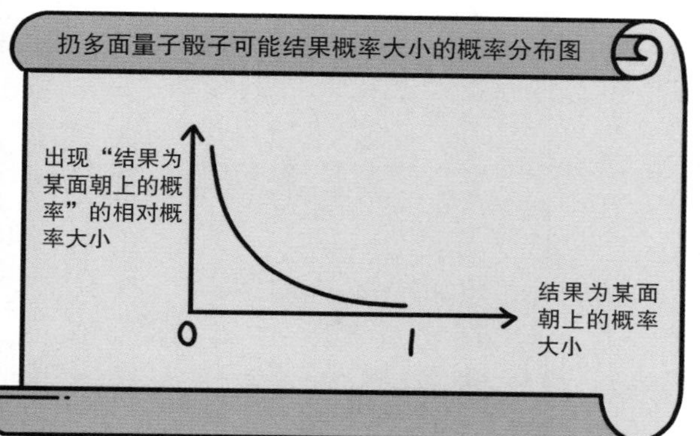

这张图的意思是说，不管是 1 号面还是 2 号面还是 3 号面朝上，我们把所有结果都简化成“那些以 1% 概率朝上的面”和“那些以 2% 概率朝上的面”和“那些以 3% 概率朝上的面”……以及“那些以 99% 概率朝上的面”。最终，我们把以这些概率出现的面的概率画成一张概率分布图。

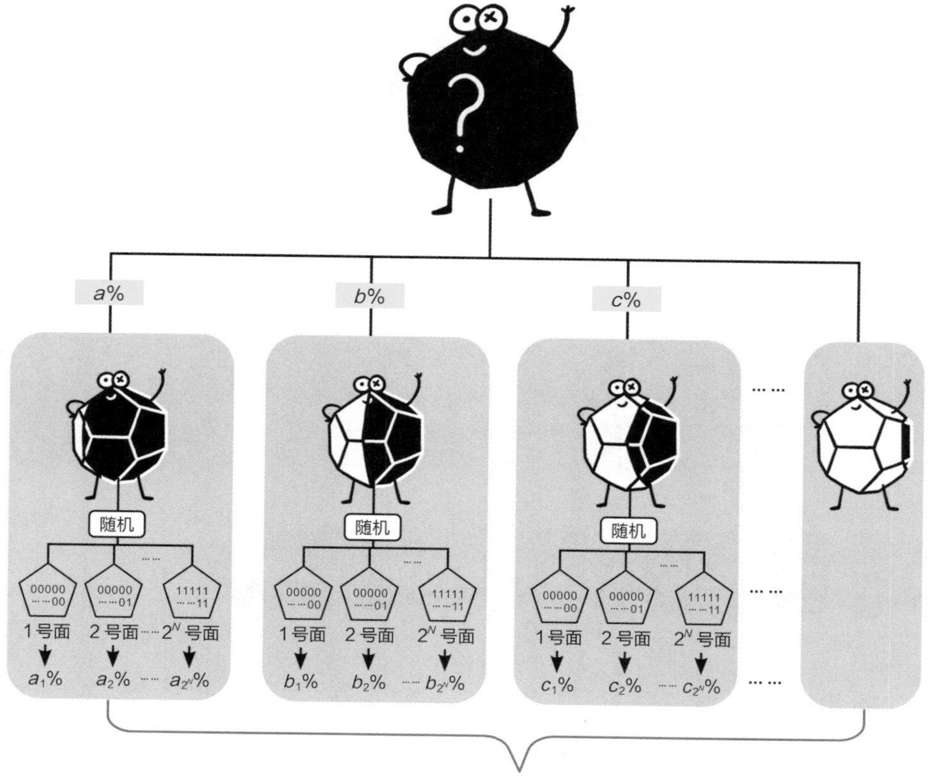

波特－托马斯分布

通过计算我们可以得出，当N很大时，这个概率分布图服从一种名为“波特－托马斯分布”的概率分布。

$$\mathcal{P}(p) = N\mathrm{e}^{-Np}$$

这就是物理学家对这个问题能给出的最好回答。

为什么这个回答比刚才的量子硬币的问题回答还要绕呢？因为量子力学算出来就是这个结果。

由于计算过程涉及更复杂的数学知识，在此同样不具体讨论了。

你只需要知道，假如我扔出一枚具有 2^N 个面的多面量子骰子，要想知道会得到什么样的结果，正确的答案不是一组具体的概率值，而是一张“波特－托马斯分布”的概率分布图，就可以了。

那么问题来了，我们真的能用量子计算装置，实现扔 2^N 个面的多面量子骰子的物理过程，从而证明量子计算的优越性吗？

答案是真的可以。只不过，在物理学的行话体系中，这个过程不叫“扔 2^N 个面的多面量子骰子”，而是叫“对 N 个量子比特的量子随机线路进行采样”。

（四）“祖冲之号”2.0：56 个量子比特的随机线路采样

2019 年 10 月，在持续重金投入 10 余年后，谷歌成功开发了一个包含 53 个量子比特的可编程超导量子处理器，命名为“悬铃木（Sycamore）”。他们在“悬铃木”上实施了一轮随机线路采样的实验，并正式宣布实验证明了量子优越性。

2021 年，中国科学技术大学潘建伟、朱晓波团队又研制了 66 比特可编程超导量子计算原型机“祖冲之号”2.0。他们通过操控其中的 56 个量子比特，也开展了一轮随机线路采样实验，并成功地实现了量子计算优越性。

值得一提的是，“祖冲之号”2.0的性能超越2019年谷歌“悬铃木”2～3个数量级。

“祖冲之号”2.0的相关论文发表在了2021年10月25日的《物理评论快报》（Physical Review Letters）上。

1900 万次

这个实验的原理很简单，就是制造出多面骰子，然后扔出去并记录结果，得到一个关于概率大小的概率分布。但实验步骤描述起来有点儿复杂。关注细节的同学可以看本章最后的补充介绍[1,2]。

那么，本轮实验实现量子计算优越性了吗？答案是肯定的。

本次实验一共扔了 1900 万次多面量子骰子，耗时 1 小时 12 分钟。

完成相同的任务，当时世界上速度最快的“Summit”超级计算机需要花费 7 年半的时间！

你可能会问，超级计算机的计算过程真的那么慢吗？答案是：真的那么慢。看一看其中的数据量，你就明白了。

我们平时说的 1GB 内存，大约能容纳 2^{30} 个经典比特的数据。要想容纳 2^{56} 个经典比特的数据，我们就需要六千多万 GB 的内存。如果要容纳 56 个量子比特（需要 2^{56} 个复参数来描述）的数据，需要的内存容量就会更大，更不用说还要对它们进行复杂的运算了。

物理学家指出，用经典计算机计算多面量子骰子的概率分布，其计算复杂度属于 **#P-hard 难度。**

因此，“祖冲之号” 2.0 是真真正正地展现了量子计算的优越性[3]。

值得一提的是，早在 2020 年 12 月，潘建伟、陆朝阳等人组成的研究团队，就在另一个不同的量子计算问题（高斯玻色采样）上，通过构建 76 个光子的量子计算原型机“九章”，展现了量子计算的优越性。

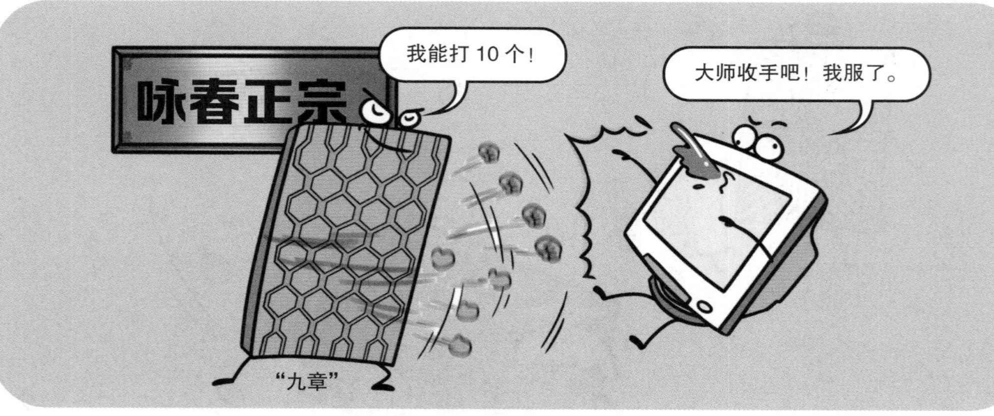

就在祖冲之号团队研发“祖冲之号” 2.0 的同时，九章团队也没有闲着。他们对原先的“九章”进行升级，成功研发出了探测光子数为 113 个、探测模式数为 144 个的量子计算原型机“九章” 2.0，将量子计算在高斯玻色采样问题上的优越性，从经典计算机（太湖之光）的 10^{14} 倍大幅提高到 10^{24} 倍，输出态空间的维数则达到了 10^{43} 量级，这使得问题的复杂度大大提升，更加难以被经典算法所模拟。

“九章”2.0与“祖冲之号”2.0背靠背地发表在了2021年10月25日的《物理评论快报》上。

“祖冲之号”2.0连同“九章”2.0这两台升级版的量子计算原型机，使得我国成为第一个在多个不同物理体系中均实现“量子计算优越性”，并取得领先优势的国家。

2023年，研究团队又成功构建了255个光子的“九章三号”，它处理高斯玻色取样的速度比上一代的“九章二号”提高了100万倍，再度刷新了量子计算优越性的世界纪录。

（五）寻求量子纠错和更复杂的量子算法

说到这儿你可能会问？这就结束啦？研究组辛辛苦苦搭建了一个平台，仅仅是为了扔骰子吗？

并非如此。

这就好比一支军队在跟敌人作战之前，要进行射击、投弹、刺杀、爆破、土工等作战技能训练。虽然在训练中，士兵们并没有消灭真正的敌人，但这些训练有利于提高他们的作战技能，为将来在战场上消灭真正的敌人打下基础。

士兵作训场

因此，你不要小看研究组让“祖冲之号”2.0、“九章”2.0 掷“量子骰子”的工作。这项工作对物理学家来说，也是一种作战技能训练。

量子计算训练场

“祖冲之号”2.0

以“祖冲之号”2.0 的工作为例，当量子比特的数量和线路的层数增多时，量子计算的误差不但会随之增大，而且会变得越来越不可控。

具体来说，假如量子比特经过一层线路的运算后，理论准确率（即保真度）是 99.6%；那么经过 20 层线路，理论准确率就应该等于 $(99.6\%)^{20} = 92.3\%$。

但是，通常来讲，量子计算装置实际的准确率往往会远小于 92.3%。为什么呢？这是因为量子比特和量子线路多了以后，就像 3 个和尚没水吃，相互之间会发生关联错误。这种关联错误不是某一个具体的量子比特或量子线路造成的，而是它们之间大规模协同作业时产生的。

量子比特和量子线路变多以后，
计算准确率就会不可控。

幸运的是，在扔 1900 万次骰子的工作中，“祖冲之号”2.0 没有额外的关联错误出现。它的准确率基本上等于量子线路准确率的乘积。做到这一点相当不容易。

“祖冲之号”2.0

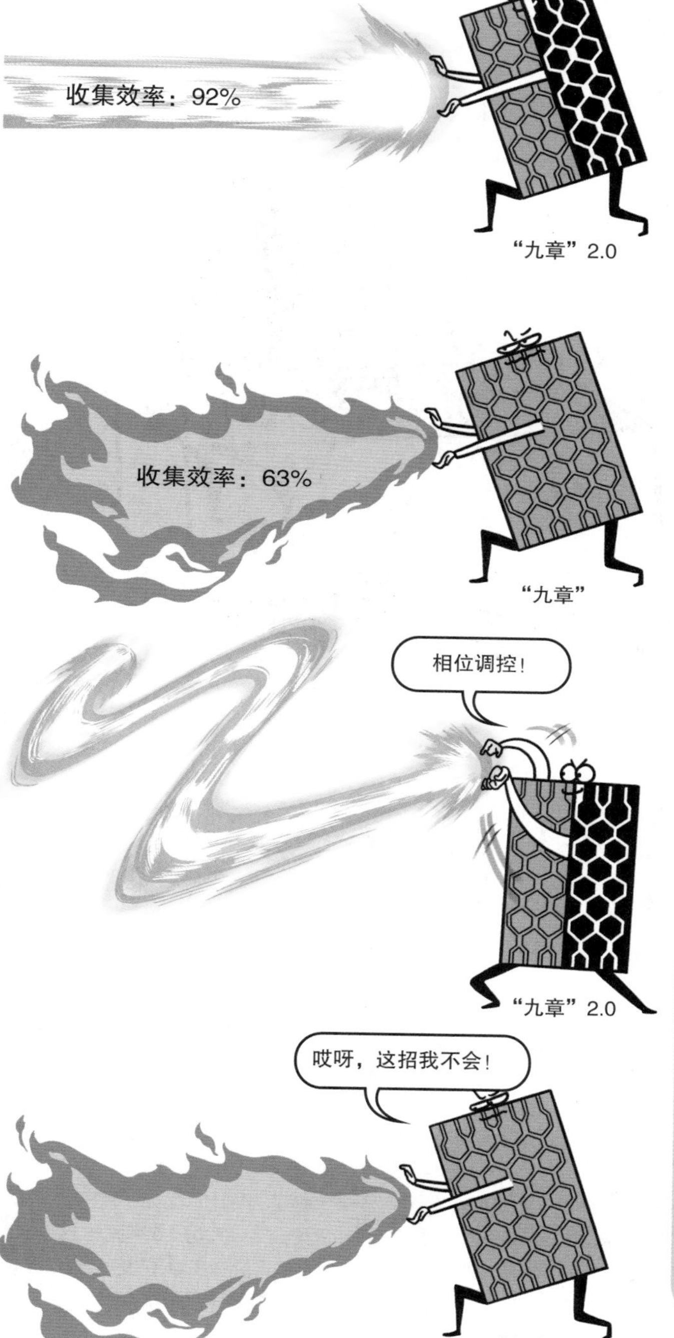

"九章" 2.0 的计算规模、复杂度比"九章"提高了很多，其中有两处值得关注的升级。

一是"九章" 2.0 开发了一款受激压缩光源，使得其关键指标从之前光源的 63%，提高到了 92%。用物理学行话来说，它向高压缩量、高纯度和高收集效率的接近理想的压缩光源迈进了一大步。

二是"九章" 2.0 相比"九章"，增加了一定的可编程性。用物理学行话来说，它实现了对光源相位的调控和锁定。

物理学家希望，他们可以通过一次又一次实验，逐渐掌握各种量子处理器的设计和使用技巧，为将来实现真正的量子纠错和更复杂的量子算法，以及各项技术在其他量子科技领域的应用打下坚实的基础。

注：

1. "祖冲之号" 2.0 随机线路采样实验的大致步骤如下。

第一步，研究组让"祖冲之号" 2.0 进入一种初始的量子状态。假如把这时的"祖冲之号" 2.0 看作一个具有 2^{56} 个面的量子骰子，它的这种量子状态就相当于多面量子骰子的某一个面是朝上的。

第二步，研究组在"祖冲之号" 2.0 中随机地搭建 20 层量子门电路。这些量子门电路的作用是，改变"祖冲之号" 2.0 的量子状态，使它进入某种确定的量子叠加状态。这就相当于我们把第一步的量子骰子随机地制备到 2^{56} 个面同时朝上的一个量子叠加状态。

第三步，研究组通过测量"祖冲之号" 2.0 中的 56 个量子比特，得到一个确定的输出，比如，输出结果是 01011…01（共 56 位数字）。这就相当于把刚才制造的多面量子骰子扔了出去，得到了第 57307…5 号面朝上。

注意，完成这一步后，研究组就算完成了一次采样。完成采样以后，刚才制造的多面量子骰子就已经消失了。为了再进行一次采样，研究组必须再制造出一个多面量子骰子，把它扔出去，记录结果，同时它会再次消失。

所以，第四步，研究组对第一步、第二步和第三步重复 1900 万次，共完成 1900 万次采样，得到 1900 万个由 0 和 1 组成的 56 位字符串。

第五步，研究组将所有得到的字符串按照出现次数从少到多的顺序排列起来，得到一组关于概率大小的概率分布，然后与理论预言进行比较。

如果概率分布与理论预言相差较大，说明实验误差太大，实验失败。

如果概率分布与理论预言相差无几，说明实验误差在可控范围内，实验成功。

实验结果表明，本轮实验圆满成功。

2. 我们在理论上想要实现的采样步骤和实际上在“祖冲之号”2.0 中实现的采样步骤略有不同。

理论上看，我们得随机制造 N 个完全不同的多面骰子，对每个多面骰子扔 1 次，才能得到我们想要的波特－托马斯分布。

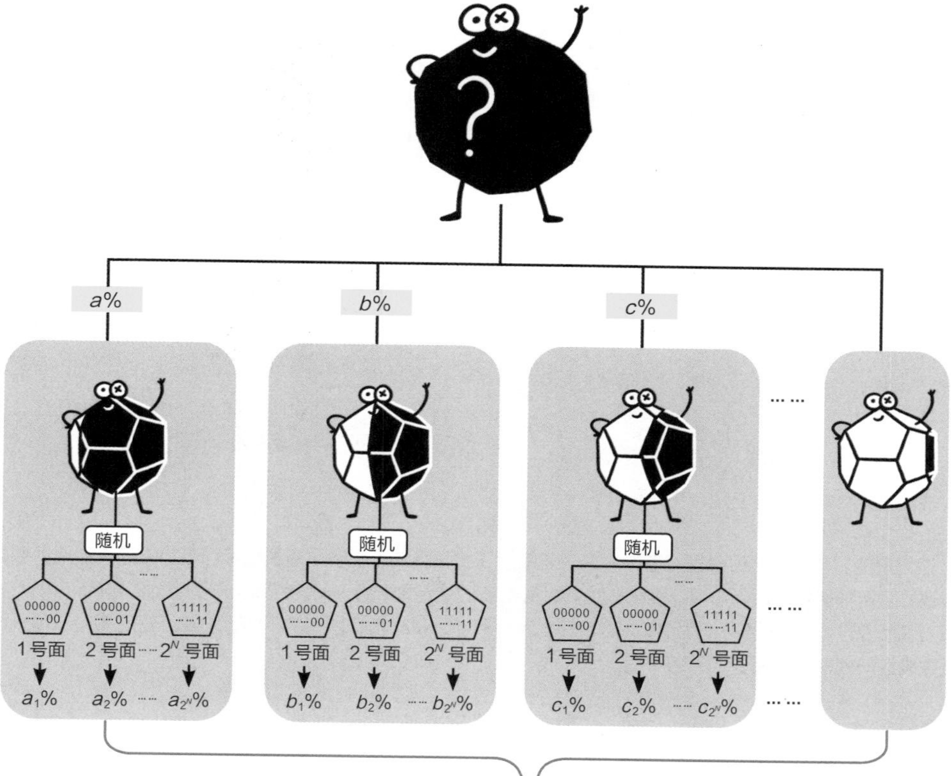

波特－托马斯分布

实际上，我们不必把实验步骤设计得这么复杂，也能得到波特－托马斯分布。通过数学计算，我们可以证明，只要“祖冲之号”2.0 的随机线路设计得足够好，我们只需要通过运行它，得到 N 个完全相同的多面骰子，对每个多面骰子扔 1 次，就能得到我们想要的波特－托马斯分布。

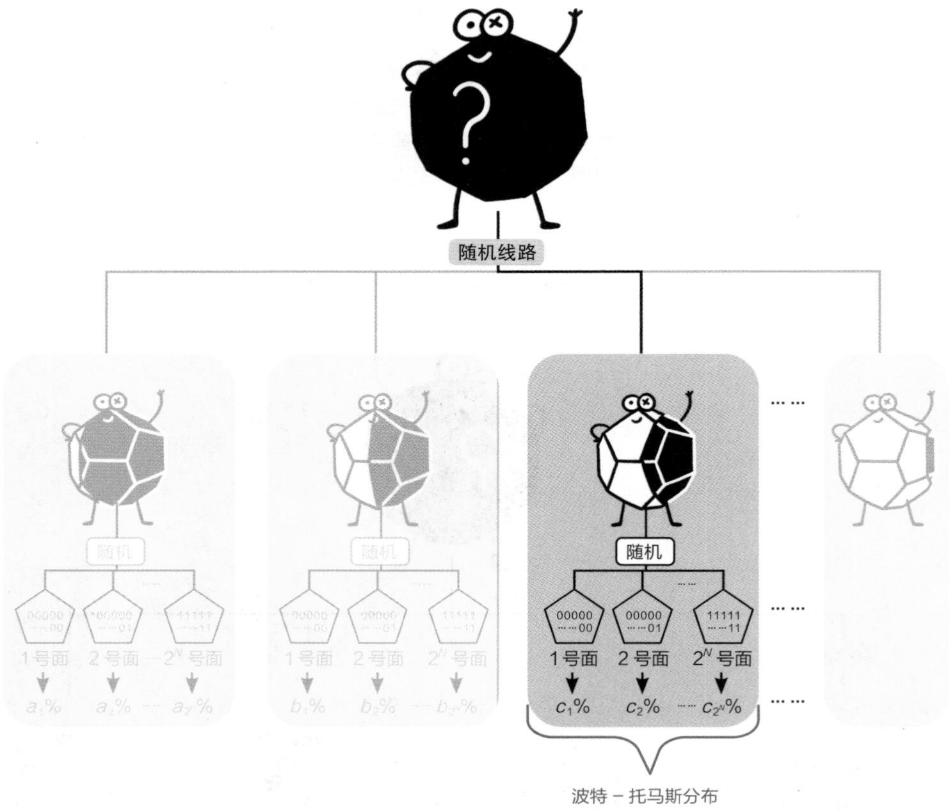

随机线路

随机

1 号面　2 号面　2^N 号面

$c_1\%$　$c_2\%$　……　$c_{2^N}\%$

波特－托马斯分布

这里说的“随机线路设计得足够好”，就是指量子比特数要足够多，量子比特门电路的保真度要足够高，随机线路的层数要达到一定标准等。这就是我们在本章最后一节提到的，实验物理学家所应对的挑战。

3. 相比之下，由于谷歌“悬铃木”的量子比特少一些，采样次数也有所不同，因此，使用“Summit”超级计算机完成经典模拟，只需要 2 天的时间。

参考文献：

1. Wu Y L, Bao W S, Cao S R, et al. Strong quantum computational advantage using a superconducting quantum processor[J]. Physical Review Letters, 2021, 127(180501): 18–29.

2. Zhong H S, Deng Y H, Qin J, et al. Phase-Programmable gaussian boson sampling using stimulated squeezed light[J]. Physical Review Letters, 2021, 127(180502): 18–29.

3. 覃俭 . 实验光学量子信息处理 [D]. 合肥：中国科学技术大学，2021.

第六章 现阶段如何一眼看清量子计算？认准纠缠态！

量子计算和量子计算机，是科学界和企业界的热门话题。围绕这两个话题的五花八门的新闻报道和成果展示，让人眼花缭乱。

挖掘机……哦不……量子计算机技术到底哪家强？

我们以超导量子计算为例，教大家“五分钟看清量子计算含金量”。

为什么以超导量子计算机为例？或者说，为什么谷歌“悬铃木”、“祖冲之号”2.0 还有 IBM 的量子计算机都是超导计算机？

“悬铃木” “祖冲之号”2.0 IBM 的量子计算机

那是因为超导量子计算机具有可扩展性、稳定性等优点，被认为是目前实现大规模量子计算最有希望的技术路径之一。也就是说，因为有比较稳定的工程技术支持，科学家可以更快地在这个领域发展技术，再进一步推动工程的发展。（由于超导电路可以在极低温下工作，因此可以获得更高的计算速度和极低的能量消耗，所以超导超级计算机这些年的发展也是如火如荼。）

不过这并不代表光量子计算、离子阱量子计算就没有研究前景，作为量子计算的不同赛道，它们都将展现不同的实力。

计算三兄弟

第一台计算机诞生虽然只有不到百年，但它凭借强大的计算能力成为推动人类文明飞速发展的重要工具。以前的理论物理学家可以在火车上推算完一个重要理论，现在他们离开计算机就很难做到了。我们的日常生活也早已离不开计算机。

说到底，计算的本质是信息的改变和处理。我们输入一些东西，最后计算机输出给我们一些东西。信息发生了改变，计算就发生了。

强大的计算功能离不开算法和算力。

算法是对解题方案的准确而完整的描述，是一系列解决问题的清晰指令。算法代表着用系统的方法描述解决问题的策略机制。

算力是计算机设备或计算/数据中心处理信息的能力，是计算机硬件和软件配合共同执行某种计算需求的能力。

也就是说，计算机要知道怎么算某个问题，并能很快算出来，这个计算机对我们而言才是有意义的。

经典计算和量子计算系出同源，都是遵循图灵机原则的计算机。经典计算机的 CPU 由晶体管组成，用电流表达 0 和 1；超导量子计算机用的则是超导材料中的电子形成的超导态。

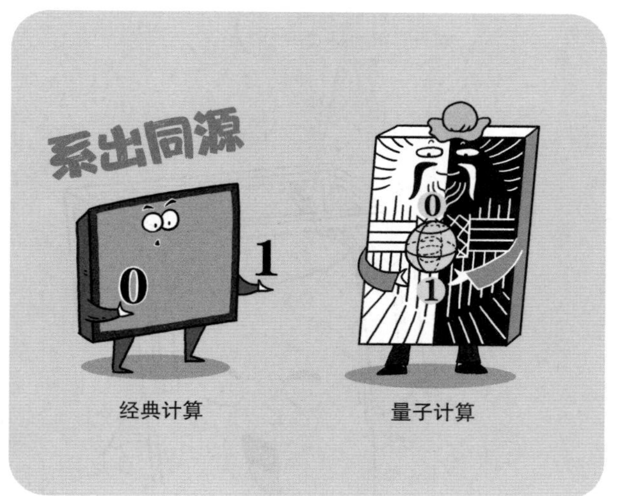

在算法中，“门”是一个非常重要的概念，无论是经典计算还是超导量子计算都有“门”。最简单的门是“非门”：我们输入一个“0”，输出一个“1”。还有“与非门”和其他的各种门。在超导量子计算机中，“门”是以量子比特为基础构成的，有单量子比特门和双量子比特门等。

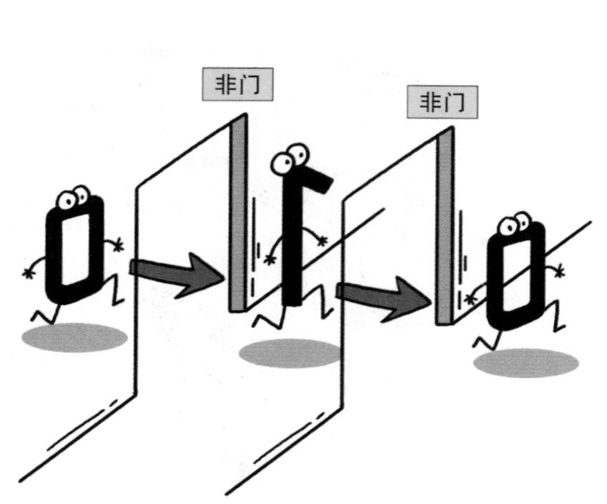

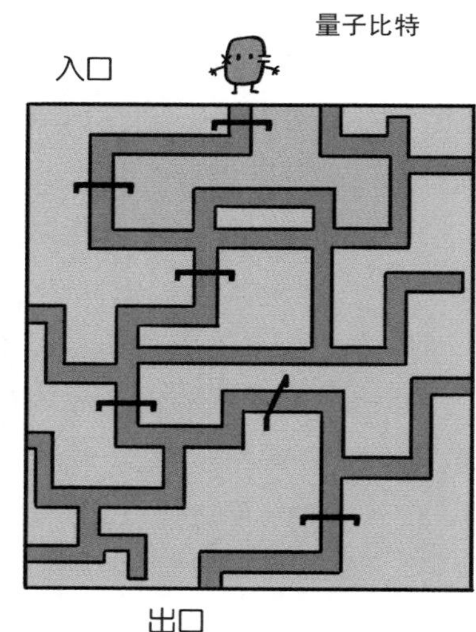

超导量子计算机的算力靠的就是量子比特之间的纠缠。相互纠缠的量子数越多，量子芯片（QPU）的计算能力就越强。

如果说量子芯片是一块土地，量子比特就是土地上的一座座建筑物（职能部门）。量子纠缠就是连接量子比特之间的道路。道路连通越多，职能部门之间的互动就越紧密，“城市”活力就越强，“文明”也就出现了！

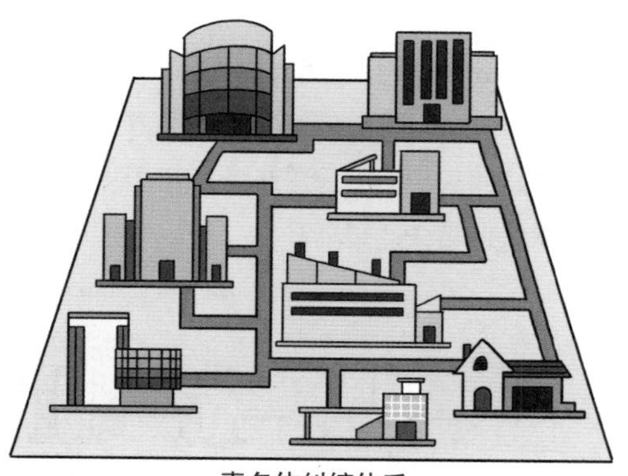
真多体纠缠体系

在物理学中，我们把纠缠程度最高的称为真多体纠缠体系——我们把一个多体系统任意划分为两部分，不论如何划分，划分后的两部分之间都存在纠缠。

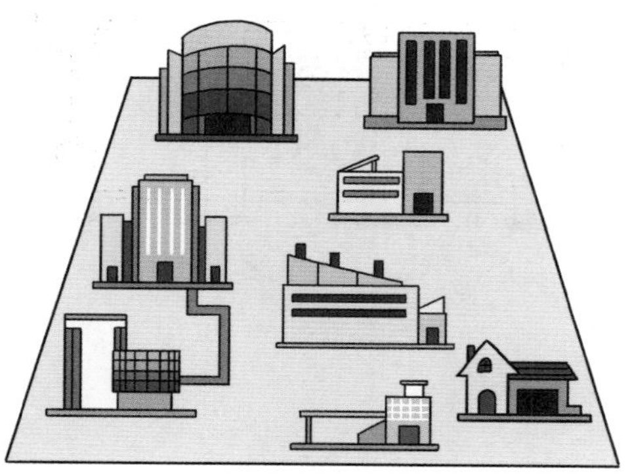
纠缠体系

当然，如果在一个量子计算系统中，有两个量子比特发生了纠缠，而其他没有发生纠缠，你仍然可以宣称这是一个“纠缠体系”，但是计算能力肯定就大打折扣了。

聪明的读者们，你们现在肯定知道如何分辨量子计算机的“含金量”了吧，请认准真·纠缠！

当然，在真多体纠缠体系中，还有不同的纠缠方式。比如一维簇态，就像贪吃蛇一样，从第一座“建筑”一直连接到最后一座“建筑”。这种纠缠方式相对简单，特点是纠缠的粒子数越多，对保真度的要求就越高。

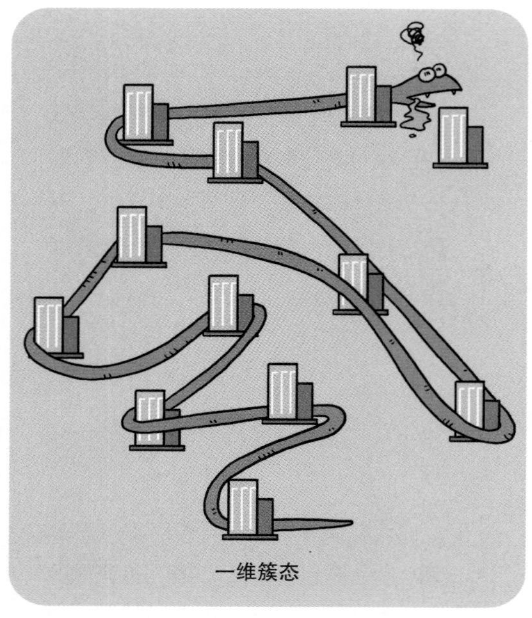
一维簇态

还有一种二维簇态，量子比特之间两两纠缠，形成了像网一样的连接方式。优点是有更多的算法选择，但是对“搭建”的要求比较高。

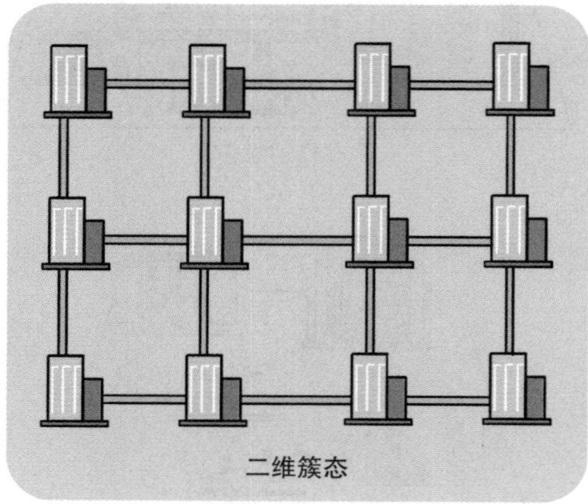
二维簇态

真多体纠缠

真多体纠缠是最强形式的量子纠缠，同时，也很难实现。不仅制备难度高——需要对大规模的量子体系具有极高的操控水平，还要保证对纠缠态的验证——对于如此复杂而精微的纠缠结构，如何才能知道我们真的实现了真纠缠呢。所以，实现的难度很大。

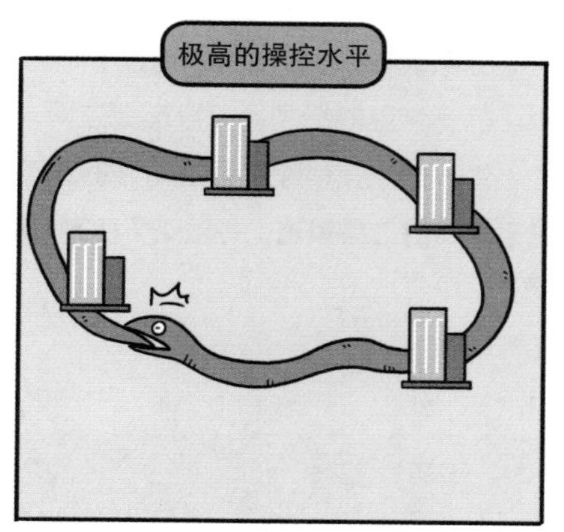

不过，要是因为困难就放弃，科研工作者们的头发不就白掉了吗？中国科学技术大学潘建伟、朱晓波、彭承志等组成的研究团队与北京大学袁骁合作，研发出了真纠缠制备和探测手段，演示了基于测量的量子计算，把上面几个难关一举攻克！

多项超导量子计算机的世界纪录同时被打破！

上文提到，大部分量子计算的算法是基于“门”实现的，量子比特们通过不同的“门”，一步步完成科学家设定的算法，得到最终结果。基于测量的量子计算很标新立异，“门”被撤掉，量子比特们随机坍缩，走向不同的“人生”关卡，科学家通过巧妙的设置，最终制备和验证了**51量子比特的一维簇态和30量子比特的二维簇态**，并且基于所制备的簇态，成功地**原理性演示了基于测量的变分量子计算算法。**

多项超导量子计算机的世界纪录同时被打破！

最后，插播一个关于算法的小知识，世界上第一个程序员是一位女性——艾达·洛夫莱斯，虽然她的父亲拜伦十分有名，不过她其实是由母亲——一位显赫的贵族夫人抚养长大的。她是第一位主张计算机不只可以算数，还可以解决问题的数学家。她在笔记中详细说明了使用巴贝奇的机械分析机计算伯努利数的算法，这一算法被认为是世界上第一个计算机程序。

可惜的是，这位程序员最终因病英年早逝。但是她对计算机的发展做出的贡献，值得我们铭记！

第七章
你认识这两个“子”吗？

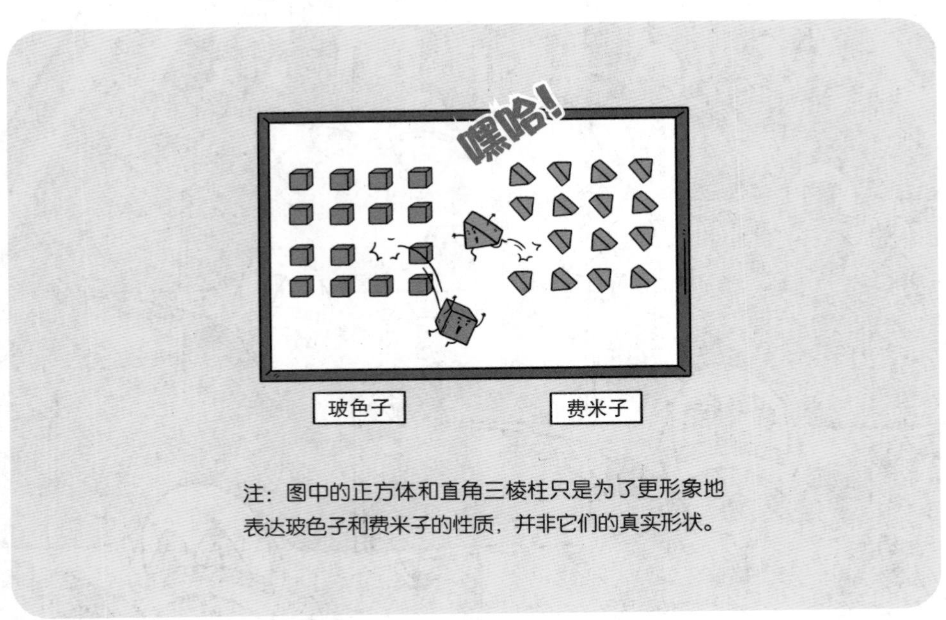

注：图中的正方体和直角三棱柱只是为了更形象地表达玻色子和费米子的性质，并非它们的真实形状。

嘿！注意礼貌！我们两个可是代表着自然界所有元素的基本组成粒子啊！
没错，在量子物理的世界里，科学家可是经过 100 年都还没研究透我们的基本性质呢。
量子物理？两个“子”啊，把我带走吧。

在进入微观世界之前，首先要给你们讲一下微观世界的规矩。我们这儿和宏观世界不同，可不流行什么牛顿三定律。

细说起来，微观世界的科学规律三天三夜也讲不完。打个比方，在经典世界里，理论上，任何物体都可以看成“小滑块”，根据牛顿定律的可以确定性来计算它们的运动状态。但是在微观世界里，微观粒子们是非常有个性的，我们在各个维度都有不同的量子数——比如磁场、轨道、振动等，遵从的是量子力学法则。要想计算我们的运动状态，这些都要考虑到。

这很难吗？区区几个粒子，我们的超级计算机分分钟搞定！
愚蠢啊，你还是没有搞清楚我们微观世界的本质！
在微观世界里，我们遵循态叠加原理。

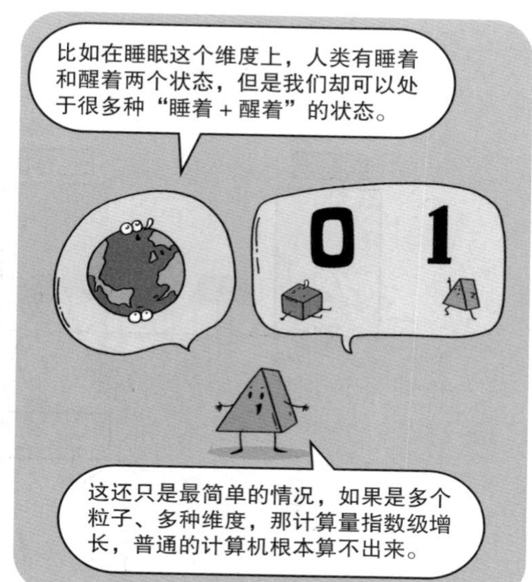
比如在睡眠这个维度上，人类有睡着和醒着两个状态，但是我们却可以处于很多种“睡着＋醒着”的状态。
0 1
这还只是最简单的情况，如果是多个粒子、多种维度，那计算量指数级增长，普通的计算机根本算不出来。

没想到微观世界这么复杂，别说 100 年了，我看是永远都别想搞懂了。
别担心，科学家一直在努力。我们马上要去超冷原子量子模拟实验室，那里的科学家会帮我们了解自己的性质，从而造福人类。

搞懂微观世界的运动规律有什么用?
粒子物理
分子生物学
量子信息学
用处可大啦，量子模拟就是利用专用量子计算机模拟量子系统的运动与演化过程，在新材料设计、化学反应和生物研究等方面都有广阔的应用前景。

那你们永远都处于这种“半睡不醒”的状态吗?
当然不是了，一旦有人观察我们，我们就会随机跳到一个确定的状态。

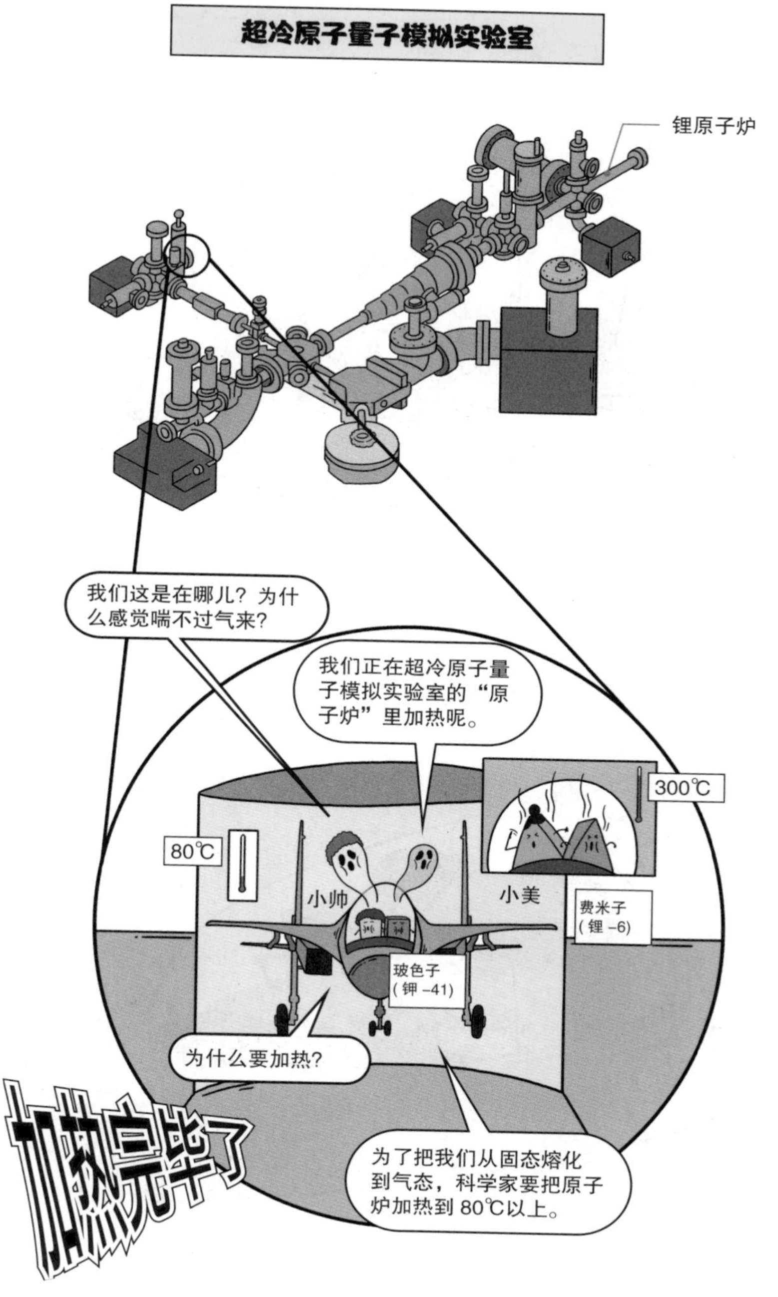

超冷原子量子模拟实验室

锂原子炉

我们这是在哪儿？为什么感觉喘不过气来？

我们正在超冷原子量子模拟实验室的“原子炉”里加热呢。

300℃

80℃

小帅

小美

费米子（锂-6）

玻色子（钾-41）

为什么要加热？

为了把我们从固态熔化到气态，科学家要把原子炉加热到80℃以上。

加热完毕了

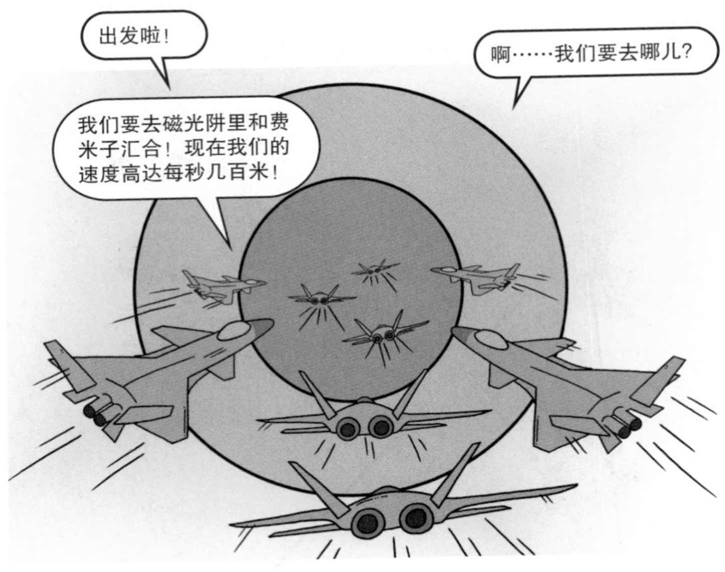
出发啦！
啊……我们要去哪儿？
我们要去磁光阱里和费米子汇合！现在我们的速度高达每秒几百米！

磁光阱的温度是 1mK（比绝对零度高 10⁻³℃），这样才能把原子速度降到每秒几厘米。
怎么又变冷了？

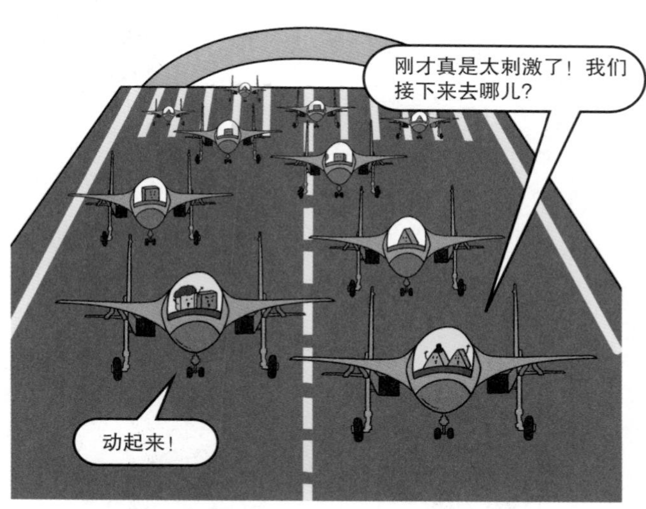
刚才真是太刺激了！我们接下来去哪儿？
动起来！

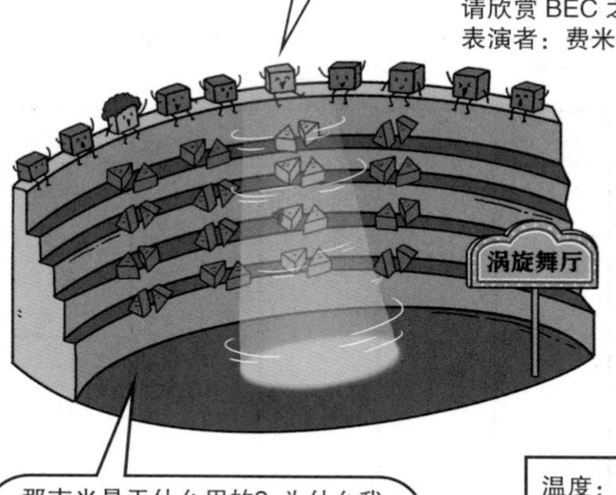
多么优美的“BEC（Bose-Einstein Condensation，玻色－爱因斯坦凝聚）之舞”啊！这首以伟大的科学家玻色和爱因斯坦命名的“凝聚之舞”，一开始被认为是我们玻色子的专属。但没想到费米子也可以跳得如此壮观。
请欣赏 BEC 之舞！
表演者：费米子锂-6
涡旋舞厅
那束光是干什么用的？为什么我感觉是它“搅动”了费米子们？
温度：20nK
（比绝对零度高 2×10^{-8}℃）

没错，当费米子们两两结合，形成了“类玻色子态”后，她们就形成了玻色 – 爱因斯坦凝聚（BEC），只有在宏观世界极其罕见的超流态，才能被激发出来如此美丽的量子涡旋。

什么是超流？什么又是量子涡旋？

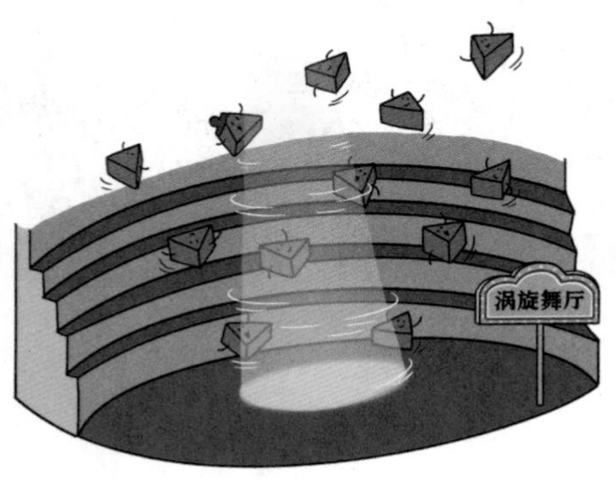

还记得我跟你提到的，自然界所有元素的微观粒子不是玻色子，就是费米子吗？比如我钾 –41，就是玻色子；而锂–6，就是费米子。我们都是有相同内禀属性的全同粒子。我们的区别在于波函数的对称性与反对称性。

	全同粒子	波粒二象性	能量量子化	……	波函数
（立方体）	相同	相同	相同	……	对称性
（三棱柱）	相同	相同	相同	……	反对称性

我们玻色子的波函数是对称的，这意味着在玻色子系统中，任何两个玻色子交换位置，对系统是没有影响的。而费米子的波函数是反对称的，任何两个费米子交换位置,系统的状态就发生了改变。不过，外界不一定能观测出来!
哦，原来如此。
你在美术馆里看到的画只是个概念图，并不是我们真正的样子。我们之所以被称为玻色子，是为了纪念印度物理学家玻色。他在研究中发现，光子们（玻色子）是不能被分辨出来的，也就是说我们不能把任何两个相同能量的光子当作两个能被明确识别的光子。当然，后来科学家发现费米子也是一样的。

爱因斯坦采用了这个概念，并把它延伸到原子。爱因斯坦认为，在这个现象中，一组玻色子在超低温状态中会成为玻色－爱因斯坦凝聚体。这个预测于 1924 年被提出，而科学家 1995 年才通过实验证实了这个现象。

1937 年，苏联物理学家卡皮查在实验中发现了超流现象，人们很快发现，玻色子超流发生的原因是玻色－爱因斯坦凝聚，并且搅动超流会形成永不“消失”的涡旋。

只有当两个自旋相反的费米子之间为排斥相互作用时，体系的基态是束缚态，它们靠近时才会形成类似一对一的连接，从而像普通玻色子一样形成 BEC。

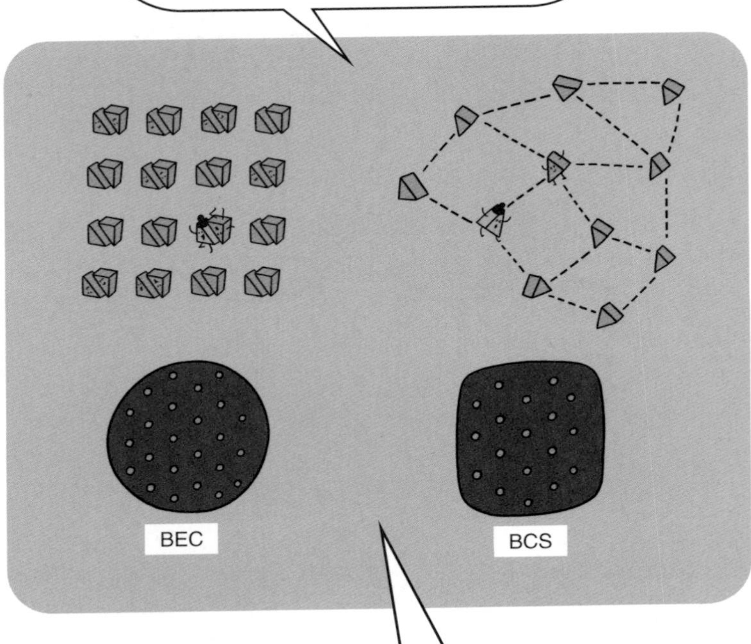

在 BCS（超导微观理论，以其发明者 J. Bardeen、L. N. Cooper、J. R. Schrieffer 姓氏首字母命名）区，自旋相反的费米子之间的相互作用是互相吸引的，可以远远地互相“观望”，松散地配对，而且是一种多体态，就像我们刚才跳的“BEC 之舞”那种模式。无论是 BEC 还是 BCS 态，都可以形成费米子的超流，从而承载量子涡旋。而且科学家通过调节磁场的方式，可以让我们在这两种状态之间自由切换。

那我们为什么不
能下去参加舞会?
我们的任务已经完成啦！因为锂-6 降温难度大，所
以引入钾-41，是为了帮助她们降温的，不然她们自
己无法完成超流的任务。通过蒸发锂钾混合原子气团
中的钾原子，带走锂自身的热量。打个比方，如果我
们要冷却一杯热咖啡（锂-6），除了让咖啡通过蒸发
吸热，还可以倒入冷牛奶，再使用技术手段抽走牛奶，
咖啡就成功被冷却啦。然后，科学家们搅动“咖啡”，
她们就形成了量子涡旋。

我们就是那可怜的牛奶啊！
话说她们要转多久啊?
宏观世界的涡旋停止搅动后会逐渐
消失，但在微观世界里，只要我们
形成量子涡旋，就能一直转下去。

没想到微观世界的规律和宏观世界如此不同。哎，她们怎么又停下来了？

科学家制备量子涡旋，是希望通过人工操控我们的行为，对微观世界的规律进行研究。科学家发现，通过调节温度，就能操控量子涡旋的衰减。

没错，中国科学技术大学的潘建伟、陈宇翱、姚星灿冷原子模拟科研团队对量子涡旋动力学的研究，经历了三部曲的发展阶段。

最开始，他们在实验室中制备出了锂原子的量子涡旋，该成果发表在2021年的《物理评论快报》上。在同一年和第二年，他们又分别研究了涡旋衰减的时空普适性以及涡旋寿命的温度依赖性，成果发表在《物理评论快报》上。这是一项非常基础的研究，但是对人类了解微观世界的“运动规律”有着重要的意义。

量子涡旋动力学

学生代表　　潘建伟　　陈宇翱　　姚星灿

我们本次的实验任务已经完成啦。待会儿会有其他玻色子和费米子来到这里，执行新一轮的量子涡旋研究任务。

涡旋舞厅

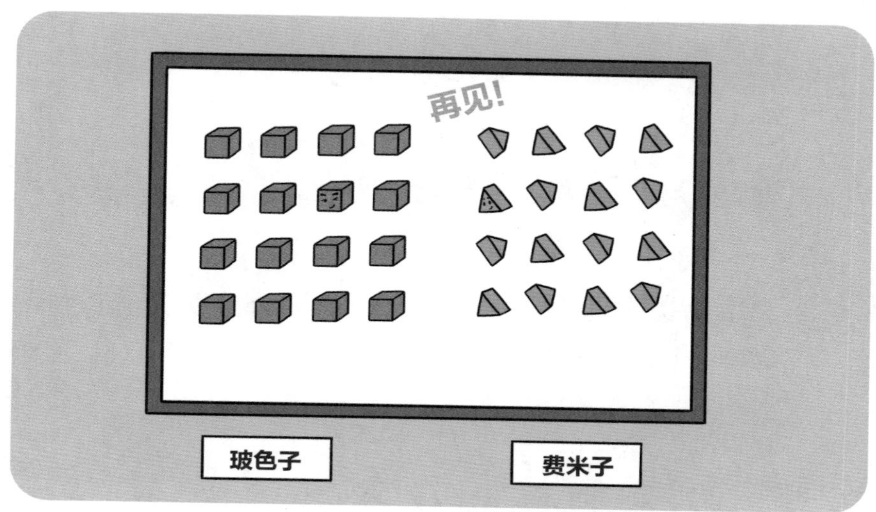

说明：本篇漫画主要介绍了中国科学技术大学冷原子模拟团队 2016 年使用激光搅动实现量子涡旋的工作原理。在后续的工作中，为了研究涡旋的湮灭动力学，他们又发展了“淬火”降温技术。

与宏观世界的淬火类似，这项量子“淬火”是通过迅速地改变体系的温度，使其跨越超流相变。普通的量子体系在超流相变时，关联长度会发散，但是被“淬火”以后，因为迅速降温，它们的关联长度被冻结在一个有限值内。我们可以理解为原子之间失去了“联系”，所以它们无法跳“集体舞”，而是分别、随机地产生了量子涡旋。它们的量子涡旋有的是顺时针的，有的是逆时针的，但系统的总角动量为 0。

宇宙中有许多大的旋转星团就是大爆炸之后迅速降温，类似淬火而随机旋转形成的。是不是很神奇？这就像“仿生学”，不过科学家们仿的不是生物，而是宇宙星系。

在通过淬火方式产生这些随机的正、负涡旋后，他们就可以研究这些涡旋是如何湮灭的。读者们可能会问，既然漫画里提到激光搅动也可以产生涡旋，为什么还要使用淬火工艺呢？因为科学家们关注的是旋转方向相反的正负涡旋的湮灭动力学，而激光搅动只能产生朝着同一方向旋转的涡旋，想要更好地研究涡旋的湮灭动力学，淬火产生的涡旋是更好的选择。

如果没有 2016 年的工作成果，就没有后续工作的展开。我们期待有更多新论文的发表，让我们能有机会科普更多关于涡旋湮灭动力学的研究。

第八章
科学家首次观测到超低温下钾-41原子的“擦肩而过”

世界上绝大多数现象，原则上都可以用量子力学的法则来描述。比如，不论是宇宙大爆炸时的粒子反应，还是生活中的化学反应，都可以用量子力学描述成不同粒子间的碰撞和散射。

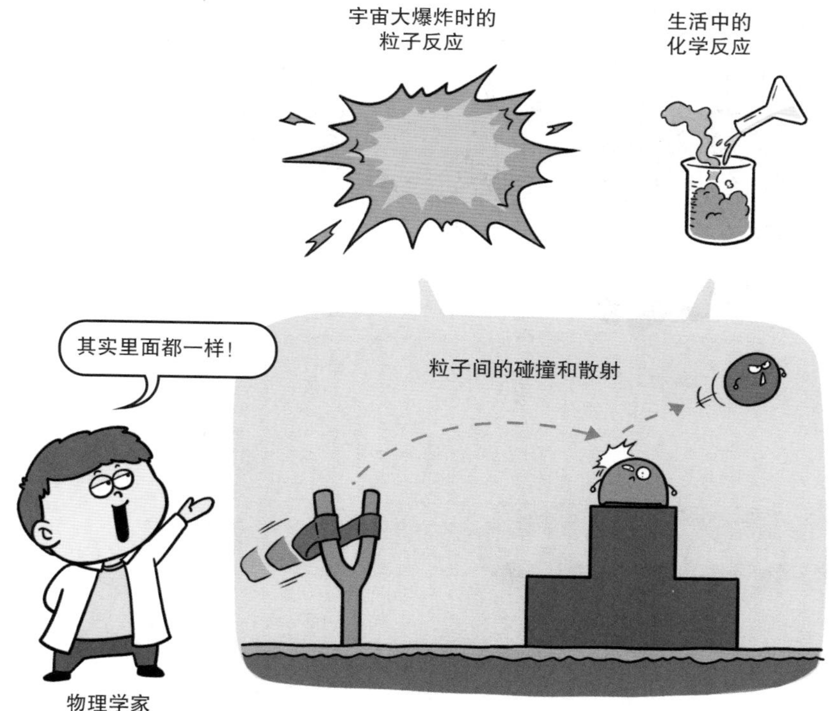

虽然说起来很简单，但是实际操作起来却寸步难行。因为大部分反应都涉及很多不同种类的原子，有的原子还会结合成分子，它们之间的作用力相互叠加以后，会变得非常复杂，物理学家很难搞清楚其中的细节。

怎么办？

（一）搞不定问题，就把问题简化

当物理学家发现一个问题很难搞定的时候，通常都会对它进行大幅简化。

比如，有的物理学家会想，我们不要一开始就研究那么多粒子，不如先研究一小撮儿最简单的原子，让它们来模拟那一群乱七八糟的粒子。

你可能觉得这种简化有点儿过头，不用着急，反正复杂的问题他们也搞不定，无论如何，只能先试着搞一搞简单的。物理学家认为，只有先把简单的问题搞定了，将来才能一步一步往里添加细节，让它慢慢还原成最初那个复杂的问题。

其实，这种仅仅把粒子种类变少、数量变少的手段还是不够简化，其结果还是会很难计算。因为在通常的温度下，原子会进行各种混乱的热运动。这种混乱的热运动别说计算了，物理学家连每一个原子在哪个地方、运动速度多快都说不清楚。

于是，物理学家只好进一步简化问题。他们会把那一小撮儿原子冷却到绝对零度附近，让它们不要乱跑乱动，尽量老老实实地原地待着。此时，原子就像踢正步的士兵一样，行动会变得整齐划一，而且会服从指挥。同时，原子之间的作用力在实验中会变得清晰可见，在理论中的计算难度也会大幅降低。

这就是物理学家特别喜欢研究的超冷原子气体。

总结一下，超冷原子气体是一种简化的物理模型，就好比生物学实验中的果蝇和小白鼠。通过研究它，物理学家希望自己能逐渐搞清楚更复杂的量子现象（比如大爆炸时的粒子反应）。

（二）简化过头也不行

超冷原子气体确实给物理学家提供了很大帮助，但在大爆炸的问题上，这个模型好像有点儿简化过头了。

这是因为，在现实世界的物理现象中，温度都比较高（相对于绝对零度附近来说），粒子的运动速度都会比较快。当它们碰撞和散射的时候，不一定都是面对面硬怼，大多数时候是“擦肩而过”。

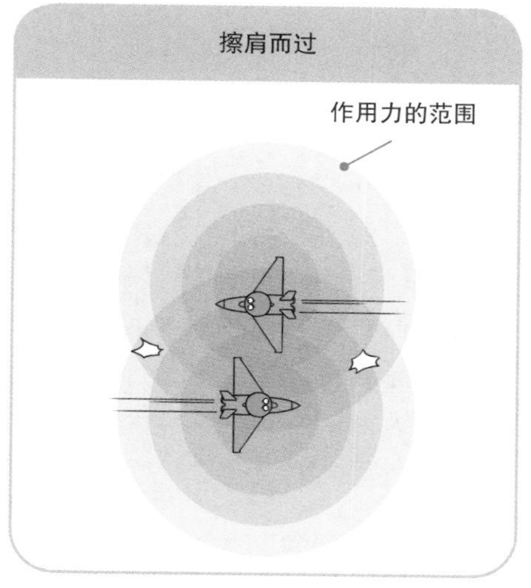

这有点儿像人们赶公交的时候，你不会直接把挡在前面的人撞倒，而是会努力往人缝里钻，从他们的侧面“擦肩而过”。

那么，这种“擦肩而过”的过程，能用超冷原子气体来模拟吗？能倒是能，但是难度比较大。

这是因为，跟高温的情况相反，在超冷原子气体中，原子的运动速度很慢。由于量子力学的效应，超冷原子在发生反应的时候，大部分时候会面对面硬怼。相反，它们擦肩而过的反应概率可以忽略不计。所以，物理学家用超冷原子气体进行的模拟实验，很难模拟高温粒子擦肩而过的情况。

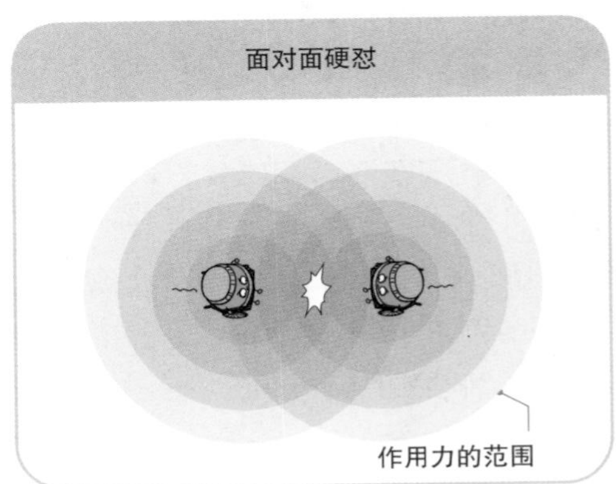

你可能会问，不就是“擦肩而过”和“面对面”这么一点儿区别，模拟不出来就算了呗，问题很大吗？对于大爆炸来说，问题确实很大！

因为在大爆炸的粒子反应发生时，粒子的温度高达数十亿摄氏度。在这么高的温度下，粒子反应主要不是靠粒子之间面对面硬怼时的作用力，而是靠粒子之间“擦肩而过”时的作用力！

用量子力学的行话来说，这叫作：高阶分波相互作用。

高阶分波相互作用

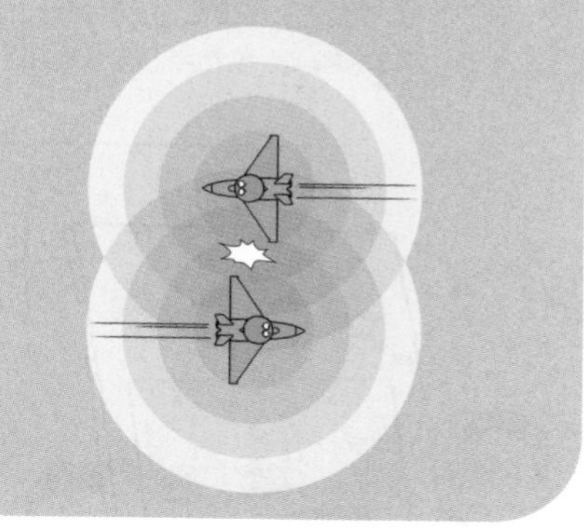

相反，面对面硬怼属于最低阶分波的相互作用。

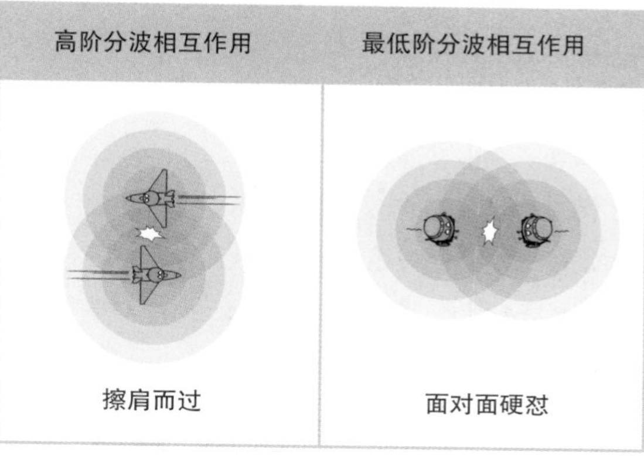

并且，在常温下，各种化学反应也大都是通过“擦肩而过”的方式进行的。由于我们对“擦肩而过”的方式不够熟悉，因此，我们对真实世界的化学反应、生物反应的理解长期停滞不前。

所以，物理学家只用常规方法研究超冷原子气体还不行，因为这样没法模拟粒子在高温反应中的真实作用方式（也就是高阶分波相互作用）。如果物理学家一直模拟不出来这种作用方式，就很难在量子力学的意义上搞清楚真实的粒子反应。

要想解决这个问题，物理学家就得设法让超冷原子气体中的原子，也有机会“擦肩而过”。这样一来，它们才有可能在温度极低的时候，模拟高温粒子的高阶分波相互作用。

（三）让“擦肩而过”变得更明显

2019 年 3 月 11 日，中国科学技术大学潘建伟及陈宇翱、姚星灿与清华大学翟荟、人民大学齐燃等组成的联合团队在《自然 · 物理》（*nature physics*）杂志上发表了一篇论文。在论文所述的实验中，他们成功地让大量钾-41 原子在绝对零度附近，表现出了超冷原子气体中不太常见的一种高阶分波相互作用：d-波相互作用。

那么，既然我们说在超低温下，原子和原子通常都会正面硬怼，很少会“擦肩而过”，潘建伟教授的研究组又是怎么让钾-41原子乖乖地“擦肩而过”的呢？

其实，在超低温下很难观察到原子之间“擦肩而过”的作用方式，不仅因为这种情况出现的机会较少，还因为原子每次“擦肩而过”之后，什么也不发生。既然什么也不发生，物理学家也就什么也看不到，当然会觉得“擦肩而过”的情况很罕见了。

因此，研究组并不是直接增加了原子“擦肩而过”的机会，而是让原子“擦肩而过”时发生点儿什么，让这个过程的现象变得更加明显，在实验中可以观察到。

幸好，世界上刚好有一种手段，能够让原子“擦肩而过”的现象变得更明显，这就是研究组想要寻找的d-波势形共振。

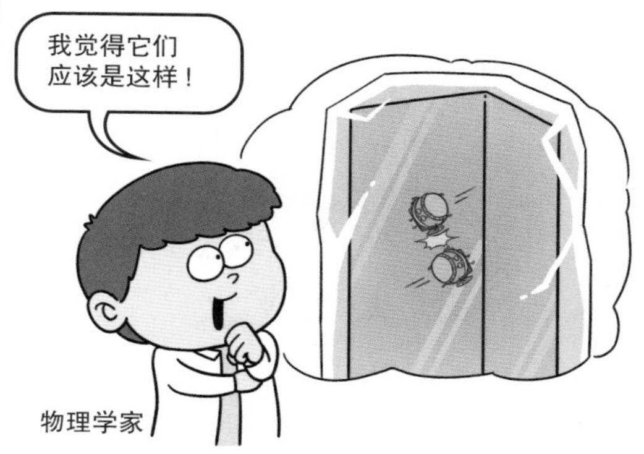

（四）钾-41超冷原子气体的d-波势形共振

简单地说，在这次实验中，研究组在钾-41形成的超冷原子气体中，加入了8~20高斯的磁场。结果，当磁场强度在16~20高斯之间时，超冷原子气体中钾-41原子的数量突然大幅减少。

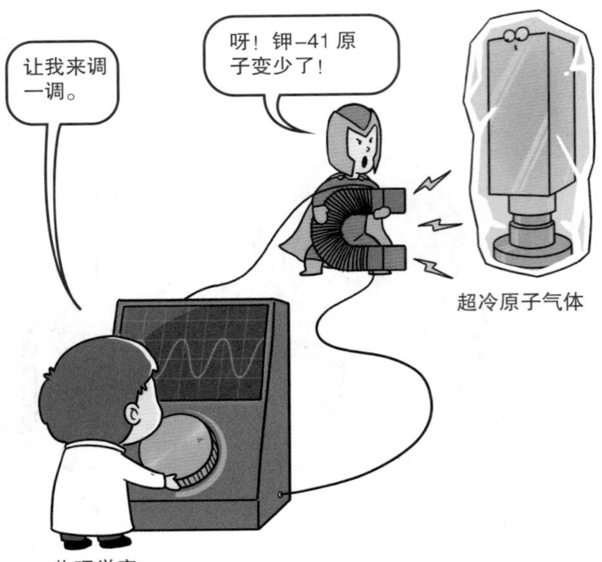

而且，随着温度降低，钾-41原子大幅减少的现象，会造成实验数据图中出现从一个宽大的凹陷渐渐演化成 3 个深浅不同的窄凹陷的现象。并且，随着温度继续降低，其中的两个浅凹陷会突然消失，只剩下一个较深的凹陷。

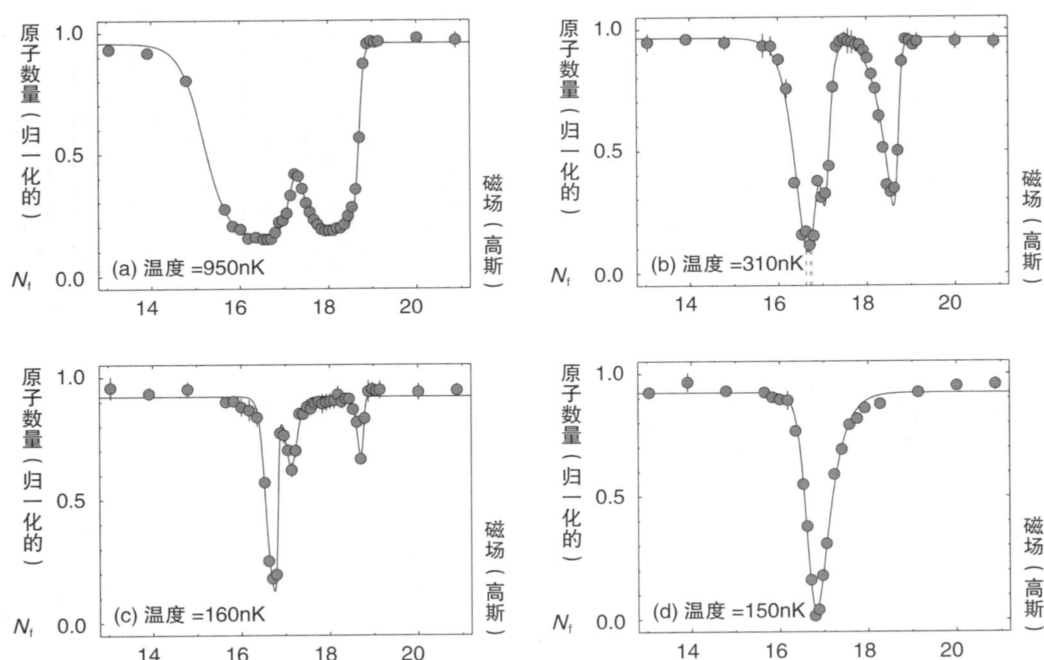

在量子力学中，随着温度降低，实验数据图中一个凹陷变 3 个，3 个凹陷又变成一个的现象，正是 d- 波势形共振存在的标志。

那么，钾-41 原子的数量为什么会突然减少呢？这是因为，d- 波势形共振让钾-41 原子在“擦肩而过”时，克服了彼此之间的离心力，突然相互结合，形成了一种新的分子。

当然，这个相互结合的过程不是随便发生的。它需要物理学家通过调节磁场，让分子的能量刚好等于 2 个自由钾-41 原子的能量。也就是说，这两个原子结合成分子的过程，既不吸收能量，也不释放能量。它是在反应前后能量相等的条件下，产生的一种“共振”现象。

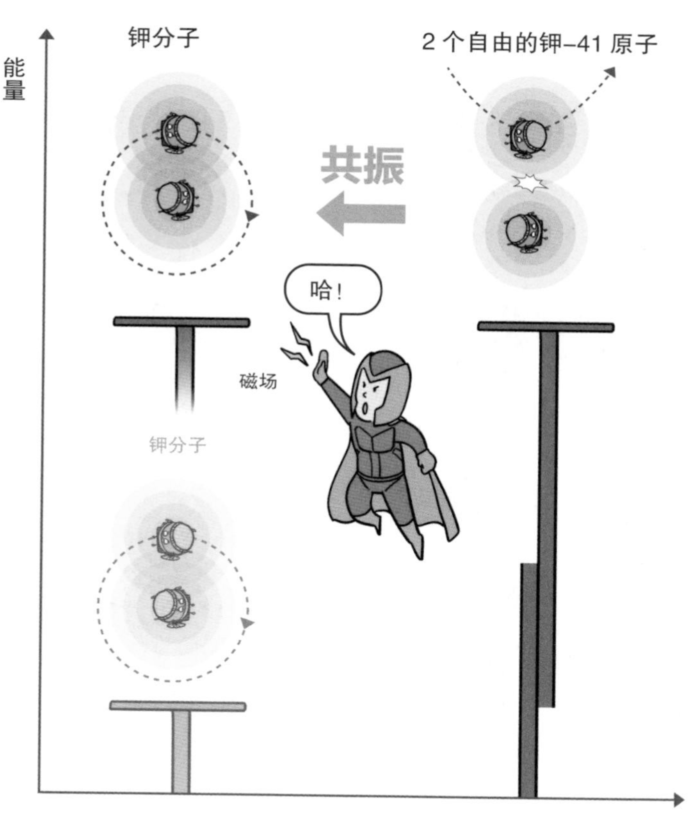

这个过程听起来很容易，但是实际做实验的过程就像大海捞针，既需要胆识，也需要运气。

更有意思的是，在新形成的分子中，钾-41 原子就像一对双星一样，会绕着对方不断转动，也就是在不断地“擦肩而过”。并且，它们转动的“力度”（即角动量），正好对应量子力学部分波展开方法中的 d-波。

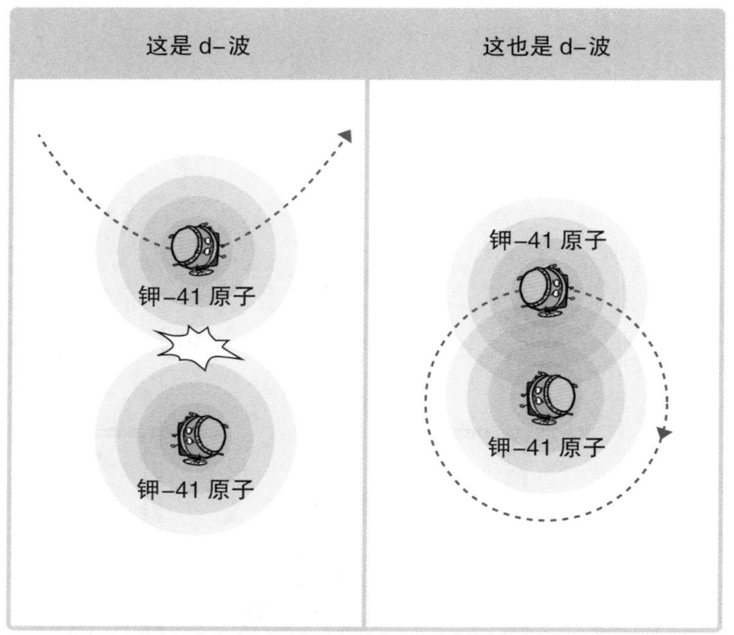

于是，研究组通过调节磁场的大小，成功地在钾-41 形成的超冷原子气体中观察到了 d-波势形共振的现象。这就为物理学家在超低温下研究 d-波相互作用有关的量子现象打下了基础。

当然，这次钾-41 超冷原子气体的 d-波势形共振实验只是一个开始。物理学家希望，他们将来能够在超低温实验中，发现更多不同类型的原子“擦肩而过”的现象，并逐渐搞清楚其中的物理规律。

在逐步搞清楚了超冷原子气体中“擦肩而过”的量子现象后，物理学家希望，在将来某个时候，他们能够从量子力学的角度把真实世界的生物、化学等各种动力学过程彻底拆解清楚。只有这样，我们才能够在原子和分子的层面，真正理解身边的世界。

注：

1. 研究论文还指出，在发生了 d–波势形共振的钾–41 超冷原子气体中，包含了大量的状态稳定、寿命长达数百毫秒的 d–波分子。这对物理学家来说是一个好消息，因为只有当一种状态的寿命足够长时，他们才可能对它开展进一步的研究。此外，由于这些 d–波分子的温度极低，很有可能已处在超流状态下，因此，这次超冷原子气体实验同时也为研究 d–波分子超流现象打下了基础。

2. 在量子力学的散射理论中，由于粒子之间的作用力大都是球对称的，所以，散射振幅通常都会在球对称的坐标下通过分离变量进行计算。这种计算方式会导致两个结果。

第一个结果是，散射振幅通常会以“球谐函数”为基准做展开，由于历史原因，这些展开结果从最低阶开始，分别叫作 s 波，p 波，d 波，f 波……

第二个结果是，除了最低阶的 s 波之外，高阶分波会在分离变量后的径向（r）方程中，额外增加一项由“离心力”贡献的势能。这个势能项在图像中表现为一个小凸起的形状。通常情况下，两个自由原子必须获得一定初始动能，使得自己的总能量高于小凸起的能量高度，才有可能进一步相互靠近，形成分子（当然，还必须满足其他形成分子的条件）。但如果通过调节磁场大小，使得分子的能量刚好等于两个自由原子静止时的能量，这两个自由原子就会通过“量子隧穿”效应，突然穿过小凸起，直接结合成一个分子。这个过程就叫作势形共振。如果这个势能项是由 d 波有关的离心力产生的，就叫作 d– 波势形共振。

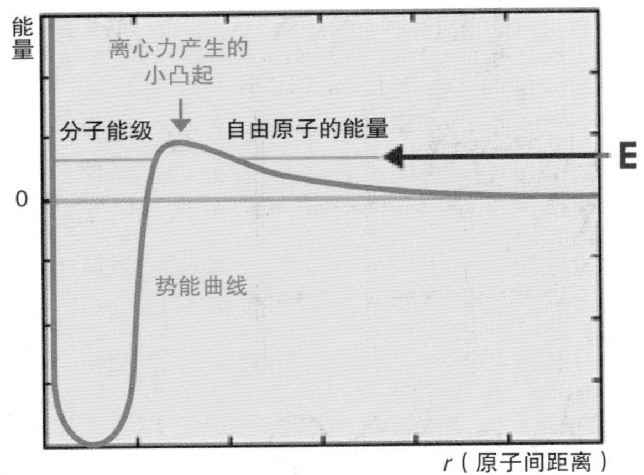

图片来源：见参考文献 1

参考文献：

1. Kjærgaard N. Scattering Atoms Catch the d Wave[J]. Physics, 2017, 11(13): 123.

2. Yao X C, Qi R, Liu X P, et al. Degenerate Bose gases near a d–wave shape resonance[J]. Nature Physics, 2019, 15(3): 570–576.

第九章
在绝对零度附近，用锂原子制造超流体的“超级小白鼠”

在实验室里观察霸王龙走路分几步？答案是两步。

第一步，你需要买到一只活鸡和一根马桶搋子。

第二步，把马桶搋子装在鸡屁股上。“当当当当”，你看看谁来了？

显然，在实验室里观察霸王龙走路，并不一定得把真的霸王龙请进实验室。你完全可以找到一种动物（鸡），对它进行改造。只要让它走路的姿势跟霸王龙很像就可以了。

从这个思路出发，物理学家发现，有些无法近距离观察的物理现象，比如中子星外壳如何影响中子星的自转；有些无法长时间观察的物理现象，比如夸克胶子等离子体（据信这是在宇宙大爆炸后最初 20 微秒或 30 微秒存在的物质状态），在某种程度上都可以在实验室中仔细地、长时间地研究。

你只要能找到一种材料，创造合适的条件，让它的物理性质跟中子星的外壳和大爆炸早期的夸克胶子等离子体很像就可以了。

中国科学技术大学潘建伟、姚星灿、陈宇翱等与澳大利亚科学家胡辉合作，在实验室中成功地制备出一种奇特的物质，使之拥有与中子星的外壳和夸克胶子等离子体相似的物理性质。

这个实验的内容叫作：

在处于强相互作用（幺正）
极限下的费米超流体中
观测第二类声波的衰减特征。

虽然实验内容看起来很高大上，但他们所用的实验材料却很普通，那就是人们每天都用的手机中用到的一种化学元素：锂！

这个令人眼花缭乱的操作到底是怎么回事呢？

（一）什么叫费米超流体

首先我们要知道，不管是中子星的外壳，还是大爆炸早期的夸克胶子等离子体，它们虽然温度不同、密度不同、物质的组成不同、内部的相互作用也不同，但它们在物理学中属于同一种物质状态，即费米超流体。

什么叫超流体呢？你可以把超流体理解成一种“无视”摩擦力的流体。

比如，如果把液氦（氦–4）的温度降低到 2 开尔文附近，它就会突然变成一种奇妙的状态 —— 超流体状态。这时，当我们把它放进一根细管子中，一旦它开始流动，就会一刻不停地流动下去，不像我们平时见到的液体那样，流着流着就会在摩擦力的作用下慢慢停下来。

物理学家推测，中子星的外壳和宇宙大爆炸早期的夸克胶子等离子体，就处于这样一种无视摩擦力的超流体状态。如果你要问为什么，我只能回答：因为量子力学。（超流体是量子力学中特有的流体状态。）

费米超流体属于一种特殊的超流体。就像普通的鸡肉叫鸡肉，但豆腐做的“鸡肉”要叫素鸡一样。物理学家把他们最先了解的、由氦–4 原子这样的玻色子组成的超流体叫超流体，而把他们后来才了解的，由中子、夸克这样的费米子组成的超流体叫费米超流体。

从这个怪怪的名字我们可以看出，如果想要在实验室里“将一种材料置于极端条件下”，使之形成一种费米超流体，从而拥有与中子星的外壳和夸克胶子等离子体相同的物理性质，最好的办法肯定不是研究物理学家最熟悉的氦-4 超流体。

因为氦 –4 原子属于玻色子，它形成的超流体不属于费米超流体。

所以，研究组在元素周期表上向前走了一步，把实验材料确定为锂–6 原子。因为锂–6 原子属于费米子，如果它能形成超流体，就应该是跟中子星的外壳和夸克胶子等离子体类似的费米超流体。

那么，是不是把锂-6 原子弄来，把它的温度降低到绝对零度附近，让它形成费米超流体，物理学家就大功告成了呢?

（二）什么叫强相互作用极限下的费米超流体

事情没有那么简单。因为中子星的外壳和夸克胶子等离子体不是普通的费米超流体，而是一种存在很强的内部相互作用的费米超流体。

要想模拟这样的费米超流体，物理学家就得照方抓药，让锂-6 原子们在进入超流状态时，保持着“高强度的相互作用”。

那么，锂-6 原子的相互作用强度多高才算高呢？研究组一不做二不休，把锂-6 原子的相互作用强度调到了极限。用物理学的行话来说，叫作“散射长度无穷大”。不严格地说，你可以理解成，“在这种费米超流体中，无论两个锂-6 原子相距多远，它们的状态都会相互关联在一起。”

在量子力学中，相互作用达到的强度极限又叫作幺正（unitary）极限，所以研究组让锂-6原子们进入的状态就叫“处于强相互作用（幺正）极限下的费米超流体”。

实现强相互作用（幺正）极限有一个好处，就是此时费米超流体的物理特征具有普适性，跟你制造它时用了什么材料、用了什么形式的相互作用无关。

打个比方，医学家在试验新药的时候，总是会先让小白鼠试吃，再让人试吃。可是，小白鼠毕竟跟人不完全一样，小白鼠吃了管用，人吃了可不一定管用。这样的小白鼠就缺乏普适性。

然而，假如世界上存在一种“超级小白鼠”，它除了长得像白鼠之外，生理特征跟人类完全一样。那么，一种药只要它吃了管用，人类吃了就一定管用。这样的“超级小白鼠”在医学上就拥有普适性。

实验组利用锂-6 原子实现的强相互作用（幺正）极限下的费米超流体正是这样一种“超级小白鼠”。只要是从它身上研究出的物理特征，就一定是强相互作用费米超流体所具有的普遍规律，就一定可以在与它成分、相互作用、温度、压强、密度完全不同的中子星的外壳和夸克胶子等离子体身上套用。

那么，研究组究竟要研究哪些物理特征呢？

（三）超流体的两组输运特征

研究组要搞清楚的是超流体的两组输运特征：黏性、热传导率。

所谓黏性，就是用一个系数来描述它是像糖浆那样黏稠，还是像水那样不黏稠。

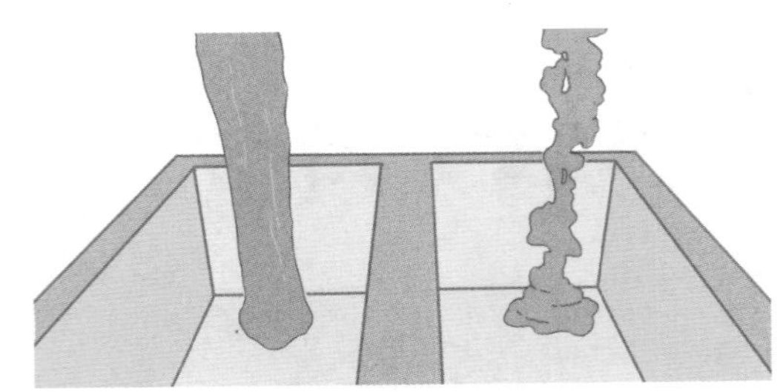

所谓热传导率，就是用一个系数来描述它是像铁锅一样一烧就烫手，还是像木把手一样加热也不烫手。

根据超流体的主流物理模型“二流体模型”，研究组相信，他们只要能把这两组系数测量清楚，就是把强相互作用的费米超流体完全研究清楚了。这两组系数跟超流体传输能量（热）和动量的能力有关，因此，它们都属于超流体的输运特征。

那么，研究组怎样才能在实验中把这两组系数测量清楚呢？

（四）第二类声波的衰减特征

要想搞清楚研究组如何在实验中测量超流体的两组系数，我们还得介绍一个经典世界完全不存在的物理现象：第二类声波。

什么是第二类声波呢？我们知道，声波是一种机械振动。当一个物体产生振动时，它就会反复挤压空气，造成附近空气的压强和密度反复变化。当这种压强和密度的振动传到你的耳朵里时，你就听见了声音。

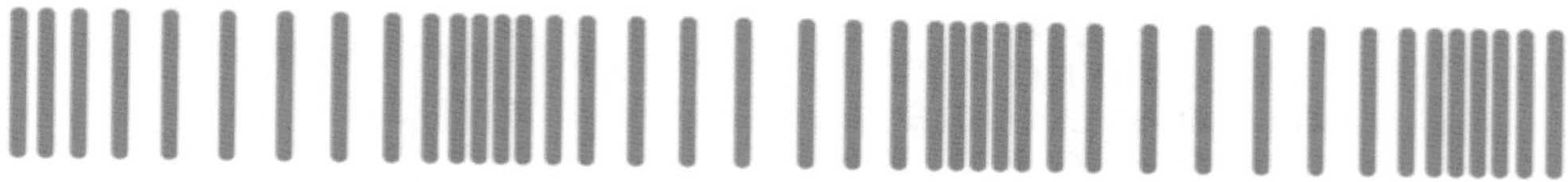

如果你把这股压强和密度的振动传到超流体中，超流体也会发生压强和密度的振动。因此，超流体也会传递声音。

超流体的压强和密度的振动产生声波

超流体

看，超流体中不同区域的压强和密度忽高忽低，形成了声波。

注：

根据超流体的“二流体模型”，这里的 n 和 s 代表超流体中的两种子成分，这两种子成分共同构成了超流体。

然而，物理学家发现，除了压强和密度的振动，超流体还可以传递一种熵和温度的振动。由于前一种振动是一种声波，所以，物理学家给另一种振动起了一个名字，叫作第二类声波。

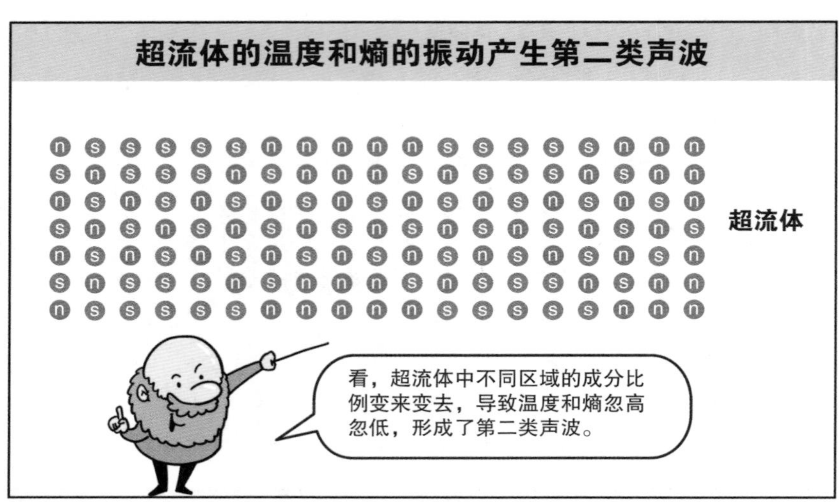

通俗地讲，你可以把第二类声波想象成下述这样一个景象：超流体就像一个大型的团体操表演现场。分散在超流体各处的粒子集团，就像团体操中的一个个演员一样，它们本身没有运动，但它们却一会儿举起红牌（变成超流体中的子成分 n），一会儿举起蓝牌（变成超流体中的子成分 s）。从近处看，它们都待在各自的位置上，完全没有运动。从远处看，它们的牌子变来变去，从整体上形成了一股整齐划一的波动。在物理学家看来，这样的波动就是熵（和温度）的波动。

总之，要想测量超流体的两组系数，研究组就得先在超流体中激发起声波和第二类声波，然后分别测量它们的衰减特征。只有先测得声波的衰减特征，他们才能计算出超流体的两组系数。问题又来了，声波的衰减特征是什么意思呢？

了解声波的衰减特征有两种办法。第一种办法是，在超流体中激发起一股声波（或第二类声波），然后看它以什么样的速度越变越弱。这种办法很容易理解，但这不是研究组采用的办法。

另一种办法是，在超流体中以相同的强度，激起不同频率的声波（或第二类声波），然后看哪种频率的声波强，哪种频率的声波弱，以及产生的强弱分布的宽度是多少。研究组测量声波衰减特征时，采用的就是这种办法。虽然这种办法有点儿不好理解，但它跟第一种办法是完全等价的（二者仅相差一次傅里叶变换）。

说到这儿，实验背景就基本上交代全了。研究组就是要用锂-6 原子制备强相互作用（幺正）极限下的费米超流体，并通过测量它的声波（或第二类声波）的衰减特征，根据超流体研究中的主流模型“二流体模型”，得出这种超流体的两组输运特征系数：黏性、热传导率。

那么，研究组具体是如何做的呢？

（五）实验的结果和意义

首先，研究组把约1000万个锂–6原子放进了一个立方体形状的空盒子中。

用物理学的行话讲，他们通过激光与磁场的紧密而又精细的配合，在一个区域中构建了一个势阱，然后成功地让锂–6原子们悬浮在其中，并将温度降低到大约一亿分之几开尔文。这时，锂–6原子们就进入了超流体状态。

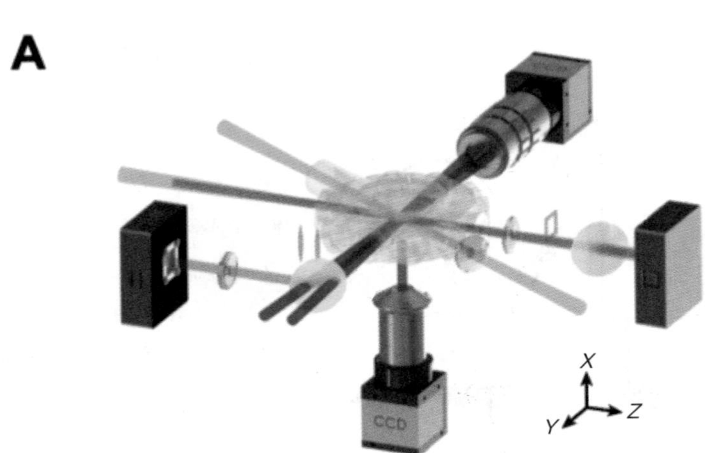

接着，他们通过让两束激光发生干涉，让盒子像波浪一样上下起伏。

这就相当于将一个移动的光晶格加载到锂-6 原子组成的超流体上。

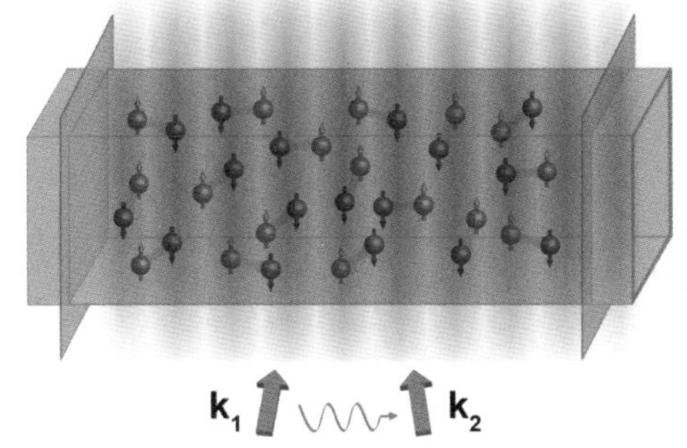

这时，超流体中催生了一股神秘的波浪。研究组发现，这股波浪既包含了普通的声波，也包含了超流体特有的第二类声波。

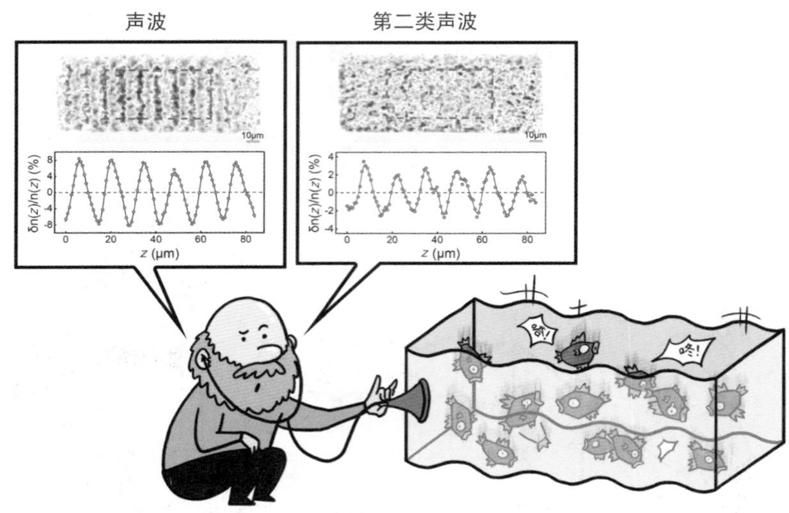

于是，他们用刚才我们说的第二种办法，测量了声波（和第二类声波）的衰减特征。

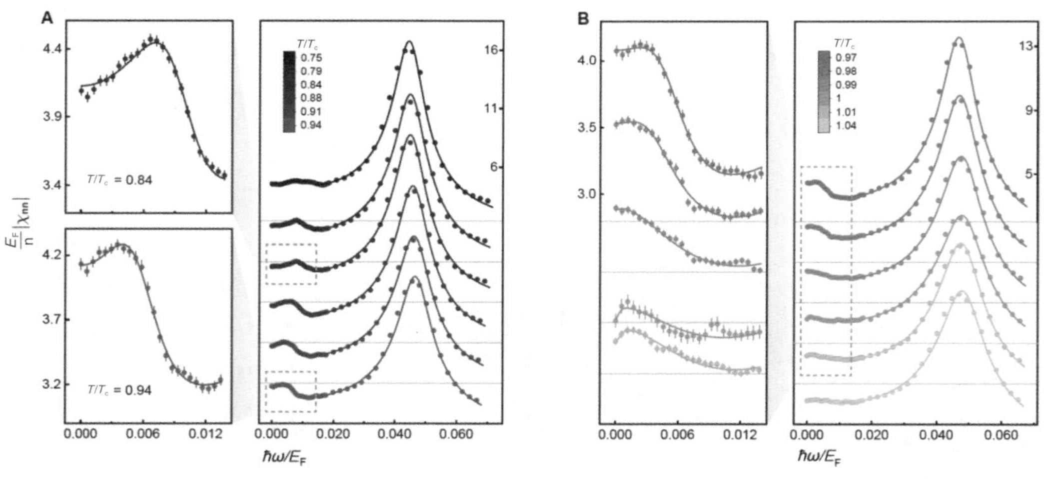

与此同时，他们还在超流体的相变临界温度附近，测量了输运特征所表现出的物理学家非常重视的临界发散行为。

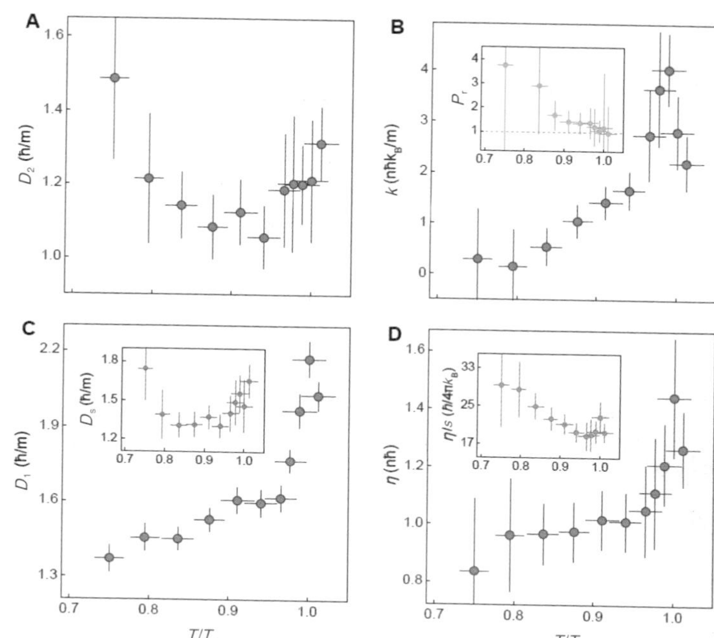

注：如图所示，输运特征的数值在相变临界温度附近突然增大。

2022 年 2 月 4 日，研究组的论文发表在了《科学》杂志上。

研究组的实验结果至少有 4 个层面的意义。

第一，要想让约 1000 万个锂-6 原子乖乖地形成密度均匀的、温度精确的、能长时间保持稳定的、可以受研究组精确控制的、处于强相互作用（幺正）极限下的费米超流体是非常困难的。与此同时，要在这样的超流体身上激发第二声波，并精确测量其衰减特征，也是非常困难的。研究组成功地完成了实验制备和测量，发展了一个可精确调控的多体量子系统，为量子模拟研究打下了基础，这本身就很有意义。

第二，超流体的主流模型“二流体模型”原先是用来描述常规超流体（如氦-4 超流体）的。研究组的实验证明，它同样也适用于幺正费米超流体。

第三，研究组的测量结果表明，幺正费米超流体的输运系数均达到了普适的量子力学极限值，例如第二声扩散系数约为$\hbar/m$，热导率约为$n\hbar k_B/m$。这说明，它的确如物理学家所期待的那样，是一种“超级小白鼠”。我们从它身上获得的物理知识，可以放心地推广到其他类似的费米超流体上。

第四，研究组在这种幺正费米超流体身上，发现了一个比氦-4 超流体临界区大了约 100 倍的临界区。有了更大的临界区，物理学家研究他们非常重视的临界发散行为就会方便得多。这一发现为利用该体系开展进一步的量子模拟研究，从而理解强关联费米体系中的反常输运现象奠定了基础。

说到强关联费米体系，你可能会觉得陌生。其实，物理学家日思夜想的高温超导材料，就属于强关联费米体系。

我们希望，在未来，物理学家能够进一步在实验室中用超冷原子模拟费米超流体，并对它开展更深入的研究。这些研究不仅能帮助我们理解中子星的外壳和宇宙大爆炸早期的夸克胶子等离子体的物理性质，还能进一步揭示强关联费米系统的物理性质，帮助我们获得对这一未知领域的全面认识。

具备了对强关联费米系统的全面认识以后，我们就能够理解和设计有经济价值的高温超导材料啦！

注：

本次实验有一个关键。研究组要将锂–6 原子分成两组。他们让其中一组锂–6 原子进入能量最低的塞曼能级状态，而让另一组锂–6 原子进入能量倒数第二低的塞曼能级状态。为什么要把锂 –6 原子分成两组不同的状态呢？因为如果不把锂–6 原子分成两组不同的状态，所有锂–6 原子就是完全相同的费米子，即全同费米子。根据泡利不相容原理，全同费米子在空间上无法重叠，相互作用很微弱，无法形成幺正费米子体系。只有将锂–6 原子分成两组不同的状态后，两组锂–6 原子才有可能发生很强的相互作用，从而实现幺正费米子体系。

参考文献：

1. Li X, Luo X, Wang S, et al. Second sound attenuation near quantum criticality[J]. Science, 2022, 375(6580): 528–533.
2. Donnelly R J. The two–fluid theory and second sound in liquid helium[J]. Phys. Today, 2009, 62(10): 34–39.
3. Schaefer T. Quantum–limited sound attenuation[J]. Science, 2020, 370(6521): 1162–1163.
4. Patel P B, Yan Z, Mukherjee B, et al. Universal sound diffusion in a strongly interacting Fermi gas[J]. Science, 2020, 370(6521): 1222–1226.

第十章
双重盗梦空间：
中国科学家首次用超冷原子模拟基本外尔半金属

当下，
有一件事变得越来越重要，
那就是创新。

新的增长，
就得有创新的工业、
创新的材料和
全新的物质形态。

比如，如果没有 20 世纪 40 年代
半导体材料的突破，
我们根本不可能引爆
持续多年的计算机
和互联网的热潮。

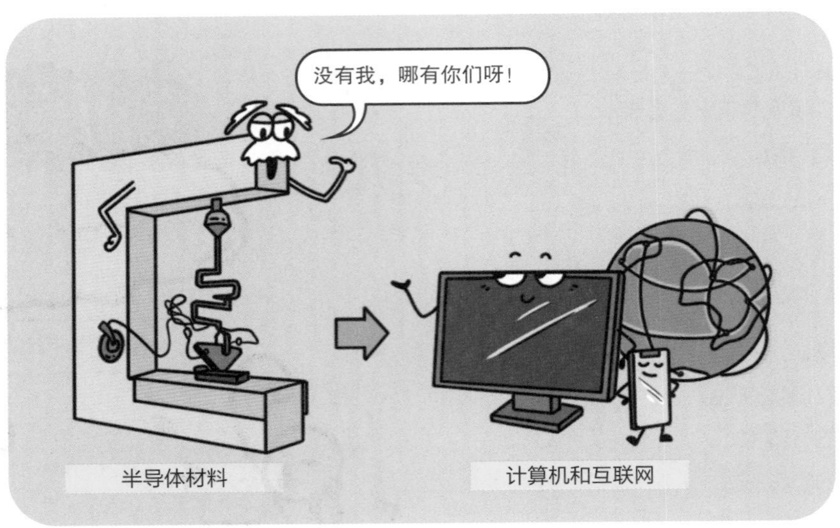

今天我们要介绍的也是一种全新的物质材料。

这种材料有很多怪异的属性。
比如，它能导电，但是导电能力很弱，
所以它既不是金属，也不是绝缘体。

金属

导电

绝缘体

不导电

既不是金属
也不是绝缘体

导电能力很弱

你知道吗?
半导体的导电能力也很弱。
那么它有没有可能是半导体呢?
我们经常说的半导体，
其实是个弱的绝缘体，
如果把半导体的温度降到绝对零度，
它其实完全不导电。

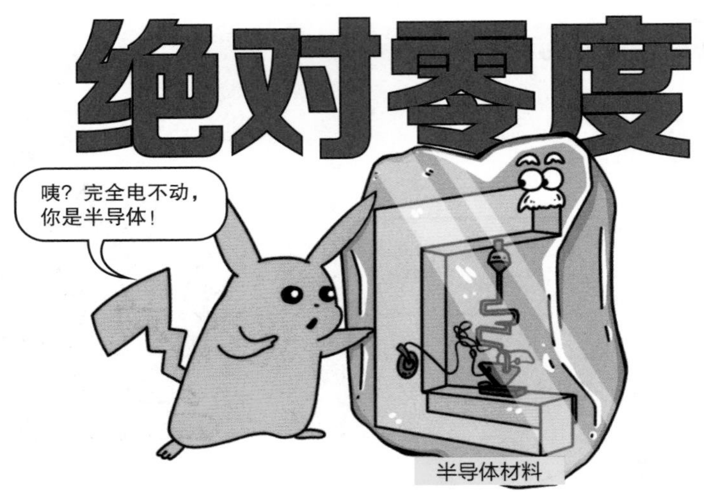

但这种材料不同。
即使在绝对零温下，
它也存在一定导电能力，虽然很弱。
所以它可以算作一种弱导电的金属。

绝对零度

全新的物质材料

除此之外，它还有很多让物理学家非常关注的特点。

第一，如果你仔细观察它内部的电子，
就会发现只有极少量的电子在导电，
其他电子都不参与导电。
而且，这些导电电子的运动速度都差不多。
这跟正常的导体或绝缘体完全不一样。

我的电子有快有慢!

金属

我的电子都是懒汉!

绝缘体

抖~

抖~

抖~

我的电子从来不超速!

慢悠悠

全新的物质材料

注：以上画面是近似描述。这种现象更准确的描述叫“费米面位于外尔点”。

第二，在它的上下表面，
导电的电子只能大致朝着一个方向运动，
没法反过来运动。

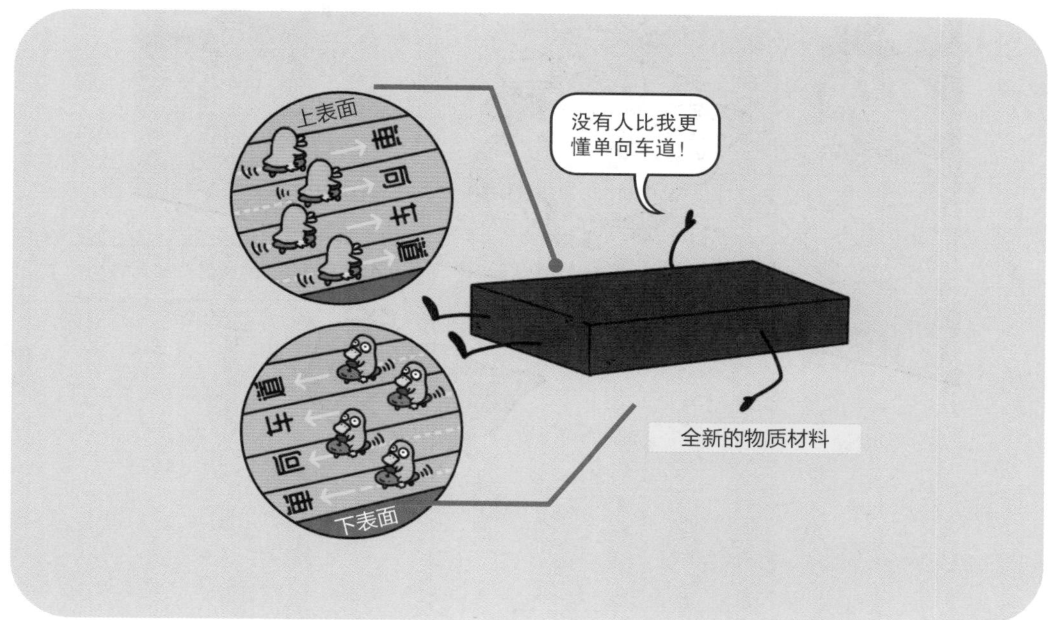

注： 以上画面是近似描述。这种现象更准确的描述叫“表面费米弧”。

第三，如果你仔细研究其中电子的运动规律，
就会发现，帮它导电的电子的质量仿佛凭空消失了。
电子居然可以像无质量的光子一样进行相对论性的运动[1]。

虽然我跑得没有光快，
但我也有相对论效应哦！
电子
哇，你是怎么做到的？
全新的物质材料内部
光子

它之所以有如此奇怪的特性，
原因之一是它内部的原子对电子施加了外力，
使得电子的运动等效看起来不遵循薛定谔方程，
而是遵循一种由数学家外尔提出的方程。

所以，它的名字叫外尔半金属。

在外尔半金属中，电子并不是真的没有质量，而是在外力的作用下，可以模拟无质量粒子的运动。这就好比电子做了一个梦，进入盗梦空间，梦见自己变成像光子那样“无质量”的粒子。

那么，如何才能找到这种神奇的外尔半金属呢？
凝聚态物理学家尝试了很多材料，
取得了相当多的进展。

虽然如此，但这些外尔半金属都不属于最基本的外尔半金属。
最基本的外尔半金属的表面，
就像我们刚才说的，
电子的运动状态非常简洁。

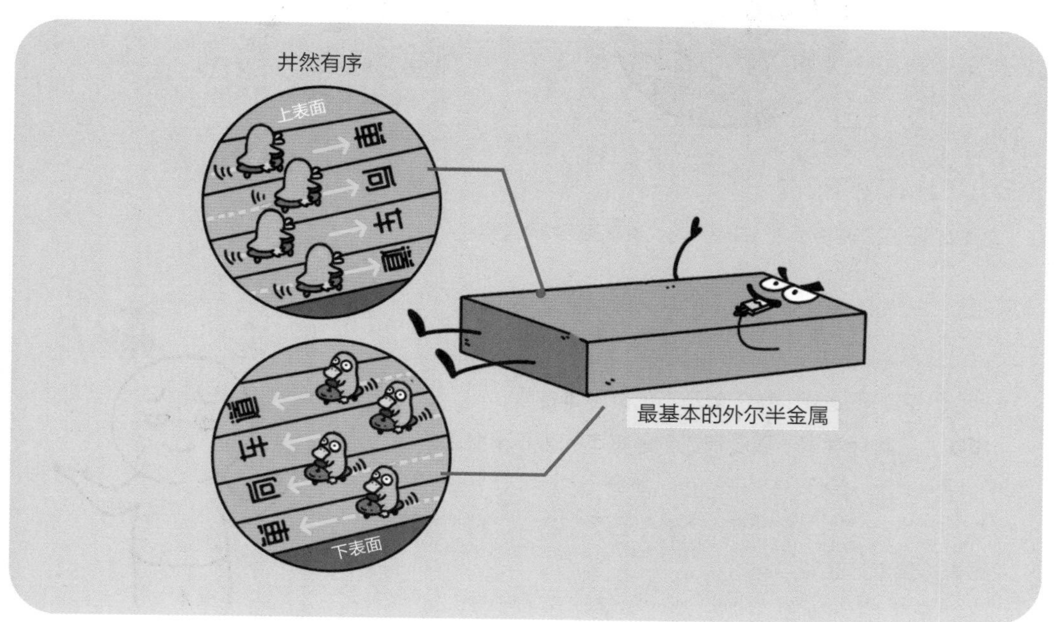

然而，在凝聚态物理学家合成的那些材料的表面，
电子的运动状态要稍微复杂一些。

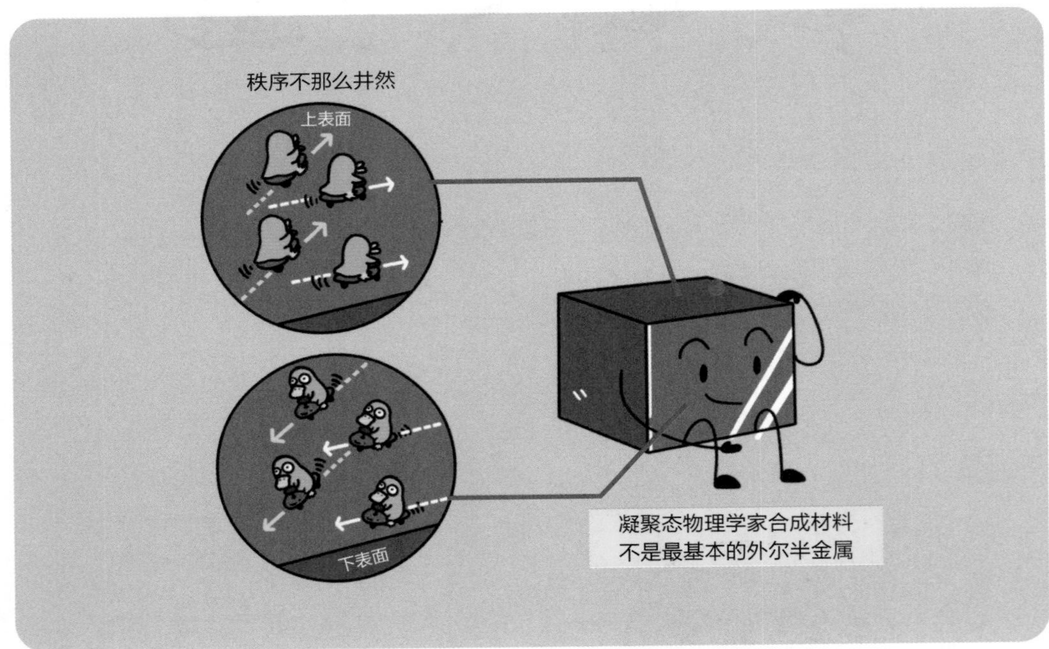

注：这里的漫画仅作粗略示意，并不严格代表真实的物理过程。

所以，它们不是我们说的最基本的外尔半金属，
事实上，物理学家一直没有找到最基本的外尔半金属。

难道这事就这么算了吗?

北京大学刘雄军研究组从理论上提出，
我们可以用超冷原子来模拟材料中的电子，
再用激光来模拟电子受到的外力。

这就好比超冷原子进入了盗梦空间，梦见自己变成了电子，加入激光以后，电子又进入下一层盗梦空间，梦见自己变成像光子那样“无质量”的粒子。

用这种办法，我们就可以模拟最基本的外尔半金属。
那么，这个理论方案到底可不可行呢?

中国科学技术大学潘建伟、陈帅，
联合北京大学刘雄军研究组在实验室中实施了这个方案。

首先，他们把一群原子铷 -87 冷冻到绝对零度附近。

为了让这群原子铷 -87 能够模拟外尔半金属中的电子，
物理学家必须营造一种特殊的物理现象，
即三维自旋轨道耦合。

三维自旋轨道耦合是什么意思呢？
在外尔半金属中，
电子会存在两种运动。
第一种运动是到处乱跑，
叫轨道运动。

轨道运动

自旋运动

第二种运动是电子像陀螺一样自转，
叫自旋运动。

如果电子的第一种运动
和第二种运动之间，
存在明显的对应关系，
就叫自旋轨道耦合。

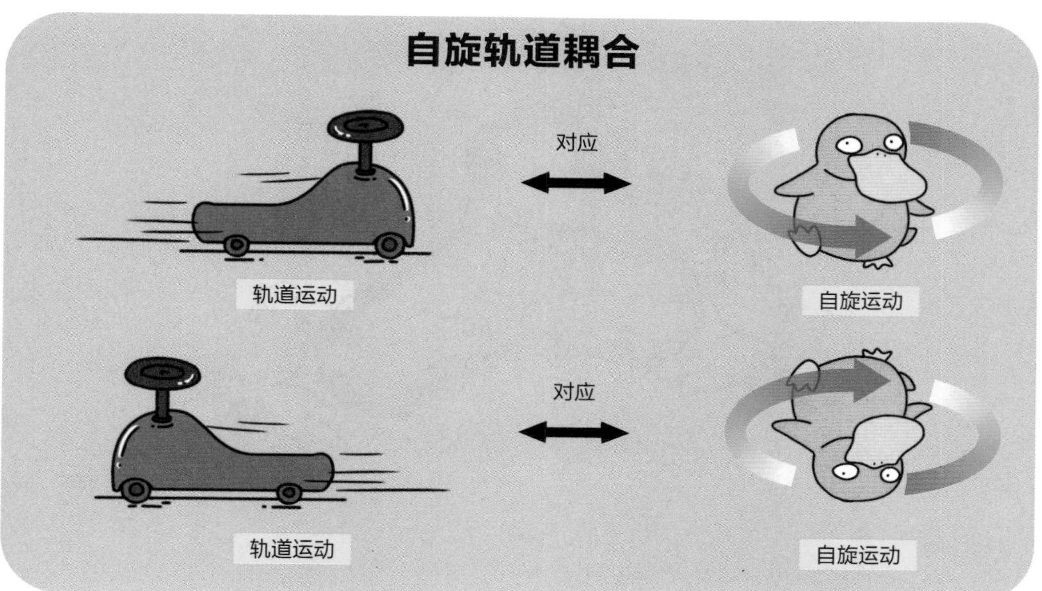

如果电子在 3 个方向上的轨道运动
和电子自旋在 3 个方向上的状态，
都存在明显的对应关系，
就叫作三维自旋轨道耦合。

所以，实验的第二步，物理学家就是要通过三束不同方向的激光，让原子铷 -87 模拟电子的三维自旋轨道耦合。

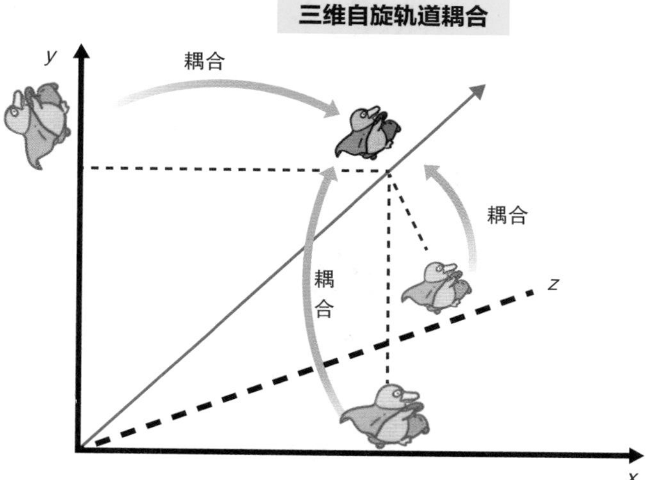

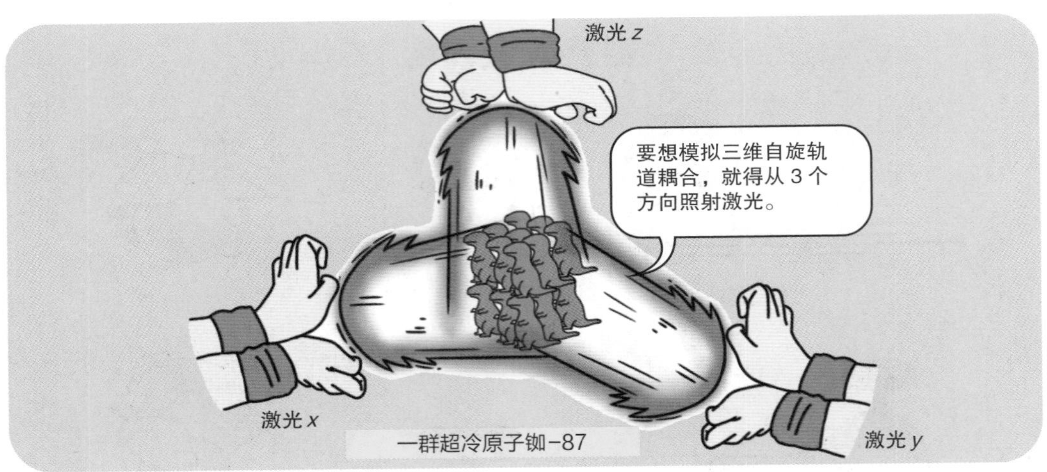

一群超冷原子铷-87

简单地说，
他们要让原子铷-87 的两个能量状态，
模拟电子的两个自旋状态。

超冷原子铷-87 的能量状态 1
超冷原子铷-87 的能量状态 2

同时，他们要让原子铷-87 的运动，
模拟电子在各种原子之间的运动。

电子在受到外力时的运动

超冷原子铷-87 在激光的光晶格中的运动

并且，三束激光必须存在一定的配合，使得原子铷-87的能量状态和运动状态存在很强的关联。

这样一来，它们就能够实现三维自旋轨道耦合。

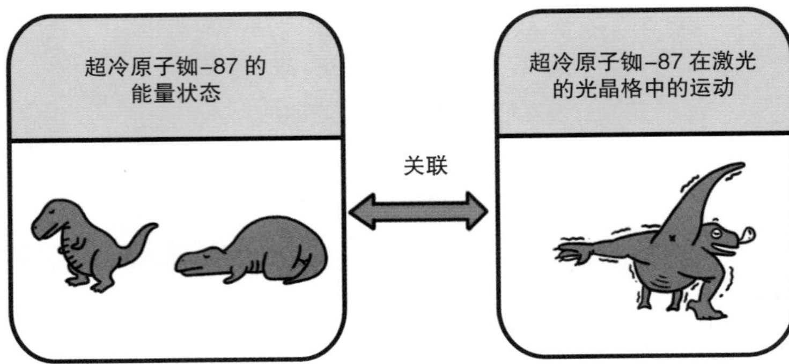

激光

超冷原子铷-87

根据外尔半金属的理论，

实现了三维自旋轨道耦合，

原子铷-87就能模拟最基本的外尔半金属（的电子的行为）啦！

但是，这些原子有没有做梦，
梦见了什么内容，我们怎么会知道呢?
换句话说，要怎样证明它模拟的确实
是最基本的外尔半金属呢?

物理学家还得寻找一个特殊的证据。
有了这个证据，他们才能证明这群原子铷-87 模拟的就是他们想要的东西。

这个特殊的证据叫作“一对外尔点”。
它的理论涉及复杂的数学，
我们就不仔细说了。

总之，它需要你把电子的运动状态画成一张三维立体的分布图。

这张图里的每一个点都表示电子在某个方向上的运动“速度”。

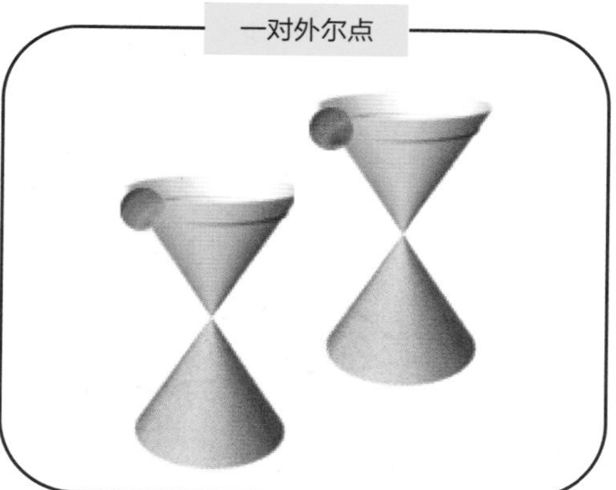

红色表示电子的自旋状态 1，
蓝色表示电子的自旋状态 2。

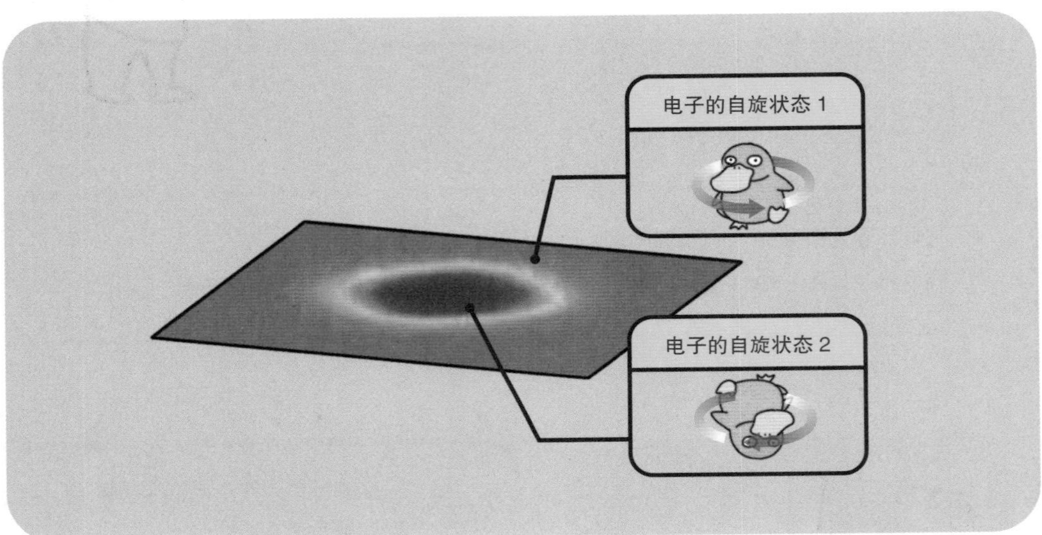

如果不存在自旋轨道耦合，
这张图里的红色和蓝色应该都是随机分布的。

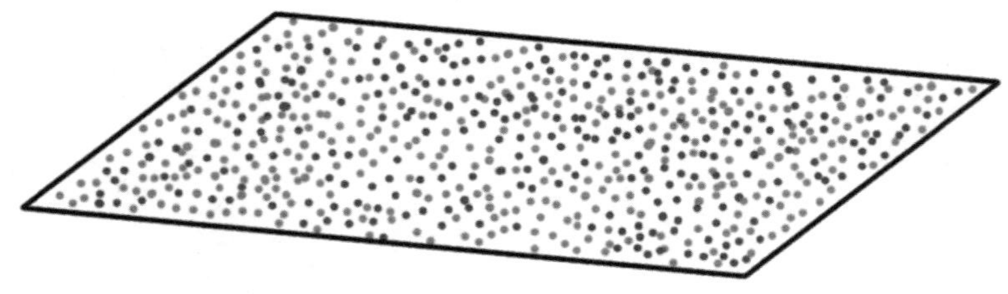

红色和蓝色随机分布

但如果存在自旋轨道耦合，
这张图里的红色和蓝色就必须呈现明显的规律。

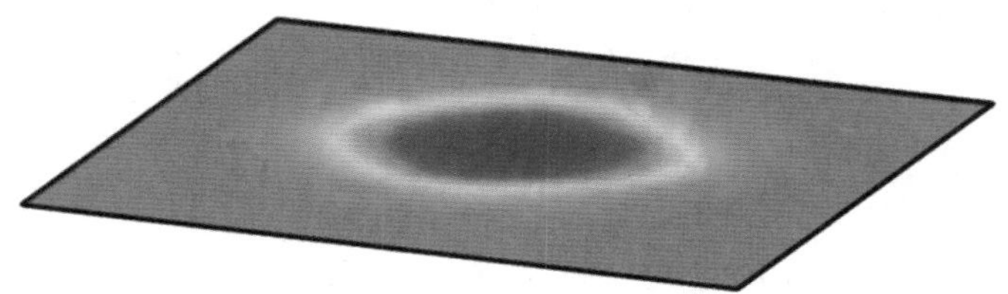

红色和蓝色呈现明显的规律

就是说，这张图里的红色和蓝色必须有明显的界限。
而且，这个界限的两端必须是两个点，
而不是两个圈。这就是物理学家心中的特殊证据“一对外尔点”。

理论预言

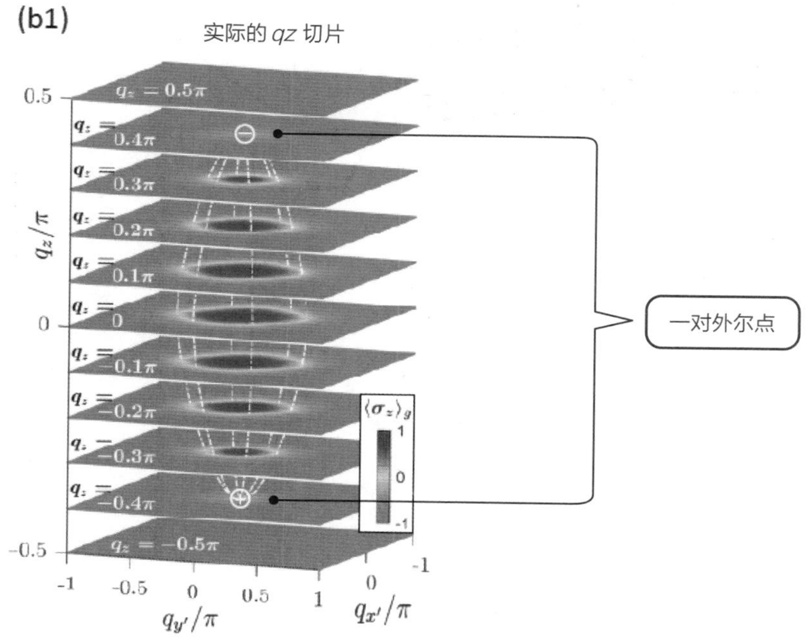

(b1)

实际的 qz 切片

$q_z = 0.5\pi$

$q_z = 0.4\pi$

$q_z = 0.3\pi$

$q_z = 0.2\pi$

$q_z = 0.1\pi$

$q_z = 0$

$q_z = -0.1\pi$

$q_z = -0.2\pi$

$q_z = -0.3\pi$

$q_z = -0.4\pi$

$q_z = -0.5\pi$

q_z/π

$q_{y'}/\pi$

$q_{x'}/\pi$

$\langle\sigma_z\rangle_g$

一对外尔点

于是，物理学家对原子铷-87 系统的运动进行了精确测量，
统计了大量原子铷-87 的运动速度和能量状态，
然后把它们画成了一张一张的二维横截面示意图。

还记得之前的设定吗？
原子铷-87 的运动对应电子的运动，
原子铷-87 的两个能量状态对应电子的两个自旋状态。

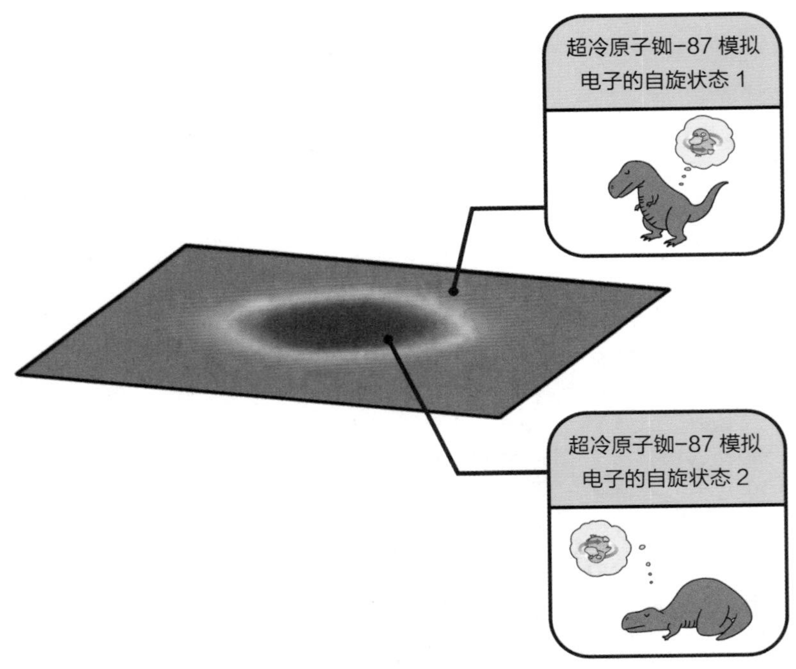

结果，
他们真的找到了那“一对外尔点”。
也就是说，红色和蓝色必须有明显的界限。
而且，这个界限的两端必须是两个点，而不是两个圈。

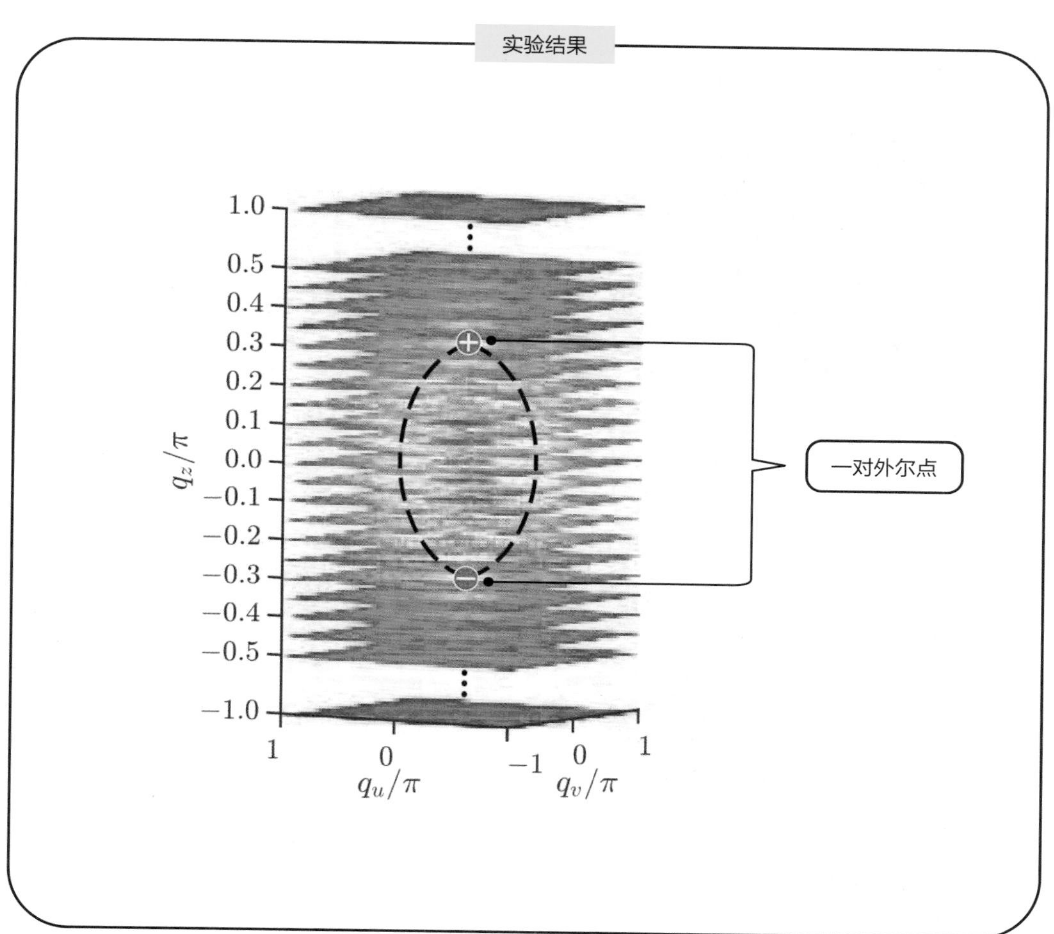

于是，

中国物理学家首次在超冷原子铷 –87 的系统中，

利用三维自旋轨道耦合，成功模拟了最基本的外尔半金属。

实验论文发表在《科学》杂志上。

让超冷原子铷-87“梦见”自己变成一群正在“梦见”自己变成无质量粒子的电子，其实非常重要。

有了这种技术，物理学家就可以通过调节激光，任意调节它们的“梦境”，以便更细致地研究各种材料中电子的怪异行为。

再说了，梦总是要有的，万一实现了呢？

注：

1. 这里说的相对论，并不是说它达到了真正的光速，而是说它目前的运动就像它达到光速一样，会产生光速运动特有的相对论效应。在外尔半金属中，这个速度是可以计算出来的，它有个特定的名字叫费米速度。

严格说，铷原子的两个能量状态，其实是铷原子的两个自旋状态。对比电子，电子的自旋只有两个态，而原子的自旋往往有很多不同的态。研究组只是从其中挑出两个来，一个模拟电子的自旋朝上，另一个模拟电子的自旋朝下。

参考文献：

1. Wang Z Y, Cheng X C, Wang B Z, et al. Realization of ideal Weyl semimetal band in ultracold quantum gas with 3D Spin-Orbit coupling[J]. Science, 2021, 372(6539): 271–276.
2. Lu Y H, Wang B Z, Liu X J. Ideal Weyl semimetal with 3D spin-orbit coupled ultracold quantum gas[J]. Science Bulletin, 2020, 65(24):2080–2085.
3. 万贤纲 . 拓扑 Weyl 半金属简介 [J]. 物理 , 2015, 44(07): 427–439.

第十一章 为了让你更完美，我必须冷酷到底：极度深寒量子模拟

导语：控制原子最有效的方式——给它们降温！吃冰棍！

有人曾经说过，把全宇宙的原子都用来造计算机，也模拟不了 100 个原子的量子行为。

等会儿，你有没有觉得哪里不对劲？为什么必须先把原子造成计算机，然后再用计算机模拟原子呢？这不是穿雨衣撑伞，沙漠里卖除湿机，吃咸菜蘸酱油——多此一举吗？

你可能会问，为什么不直接用原子来模拟原子呢？这样一来，100 个原子不就能模拟 100 个原子了吗？

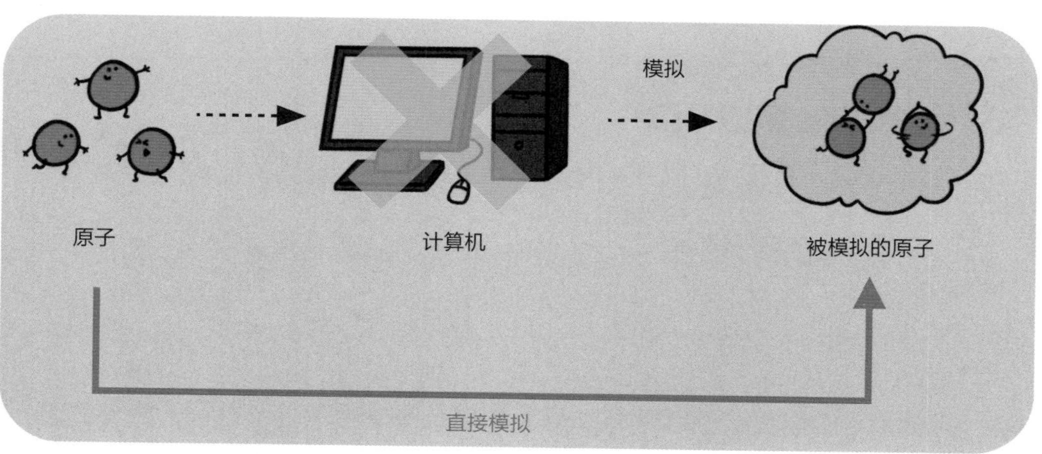

哎呀，你真聪明，跟物理学家想到一块儿去了。

许多物理学家千方百计要把原子按在一个地方，让它们都乖乖听话，模拟各种多粒子体系的量子现象。这就是本章要讲的基于超冷原子气的量子模拟。

（一）激光牢笼和绝对零度

在大自然中，许多原子都是到处乱跑的。

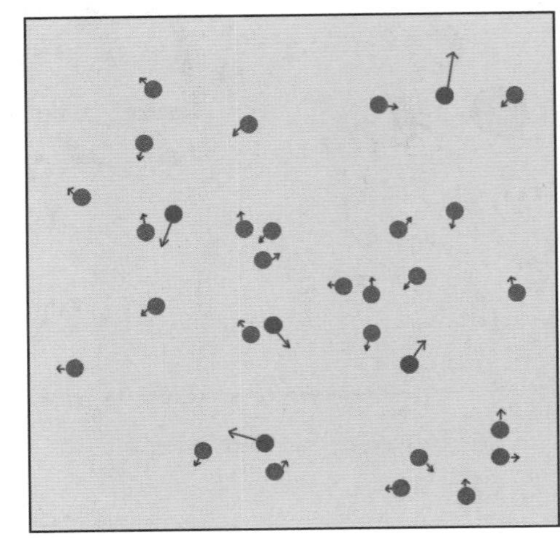

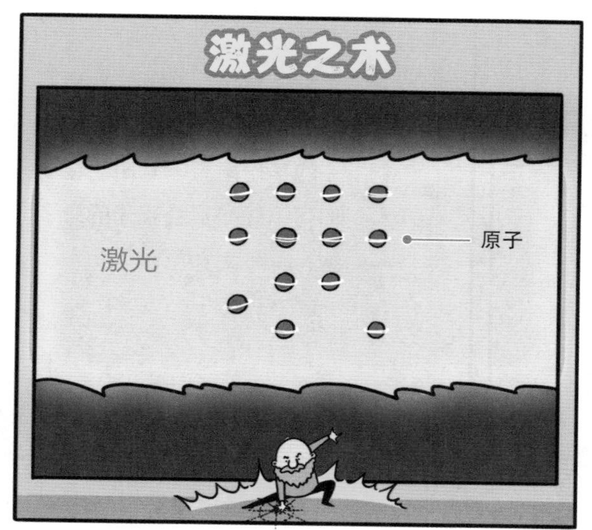

要想让原子们乖乖听话，必须得上点儿手段。比如，物理学家会用激光做一个牢笼，把它们关起来。

如果在垂直方向加一束激光，就会形成一组二维的牢笼阵列。

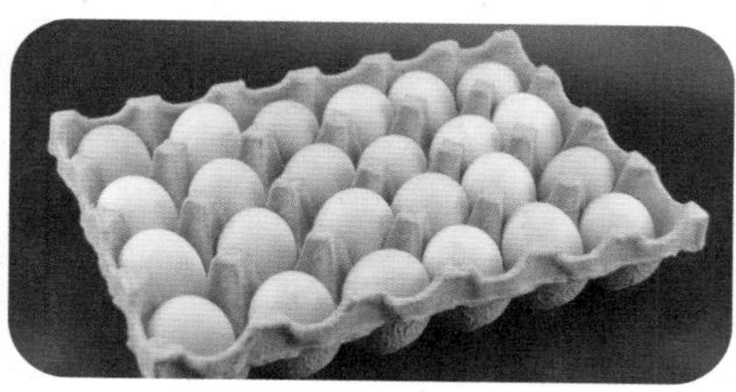

这样一来，原子就可以像超市里的盒装鸡蛋一样，整整齐齐地排在一起了。

只不过，单靠激光还不够，因为在常温下，原子的平均能量非常高。它们可以轻松摆脱激光的束缚，瞬间走个精光。

所以，物理学家还得使出第二个手段：把温度降低到绝对零度附近。

最近 20 年，物理学家早已把激光和冷却技术练得炉火纯青，使得量子模拟的实验方案越来越丰富。可是，这些方案大多只能模拟相对简单的量子行为，而且保真度（保证运算正确的程度）都不够理想。

所以，很多需要解决的复杂问题，量子模拟一时半会儿还模拟不了。

这到底是怎么回事呢?

（二）晶格缺陷和热力学熵

在制造计算机芯片时，硅晶片的纯度必须特别高，比如我们平时常说的 6 个 9（纯度 99.9999%）。这是因为，如果混上一点儿不该有的杂质，硅原子排列成的晶格就会产生大量缺陷，导致芯片性能大幅下降。

高纯度单晶硅

量子模拟的情况跟它有点儿类似。虽然激光也上了，温度也降了，原子也乖得有模有样了，但是其中还是有一个不完美的地方，那就是存在晶格缺陷。

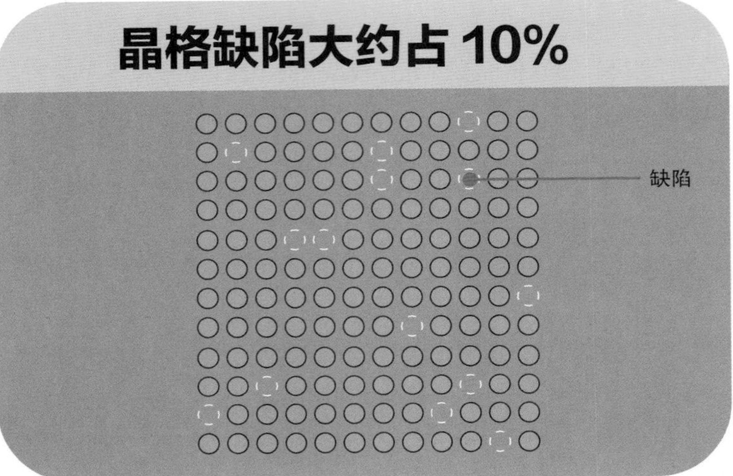

存在晶格缺陷，量子模拟系统就像有缺陷的计算机芯片，错误率会大大提升。所以，物理学家必须设法找到产生缺陷的原因，然后设法解决这个问题。

产生缺陷的原因物理学家早就找到了，是因为原子组成的晶格之中存在一个捣蛋鬼：

热力学熵。

看到“熵”这个字，你可千万别紧张。孔子曾经说过，“不患寡而患不均。”这里说的“不均”，就可以理解为熵在某种情况下的表现。

不严格地说，在冷却即将完成时，如果大部分原子的能量都一样低，只有个别原子的能量较高，整个系统的热力学熵就很低。

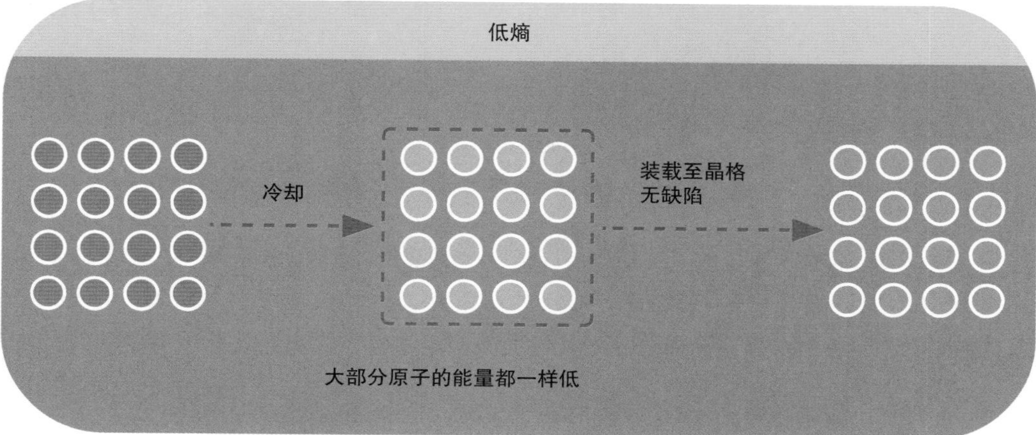

相反，如果许多原子的能量已经很低了，但还有许多原子具有较高的能量，整个系统的热力学熵就会比较高。此时，这些能量较高的原子就会跳出激光的牢笼，留下空荡荡的缺陷。

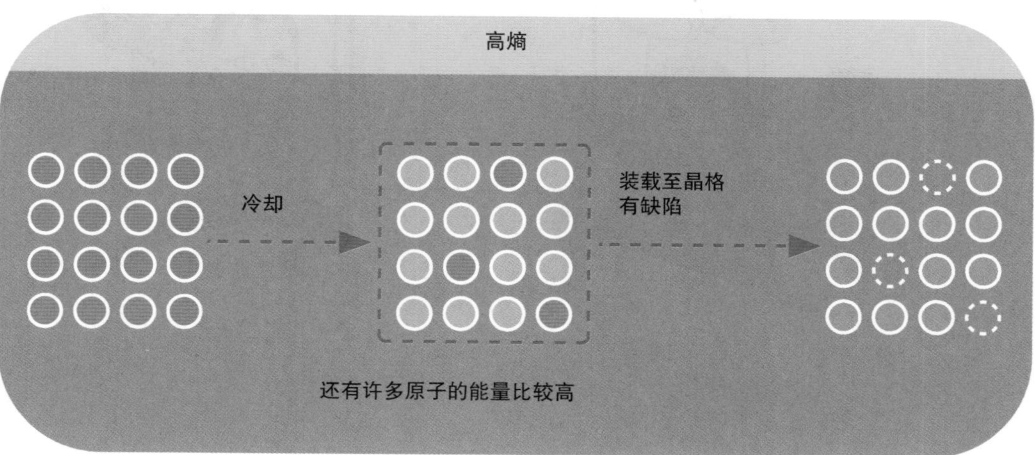

所以，在降温的过程中，原子晶格的温度有多低已经不是问题，把熵降低才是关键。那么，如何才能降低原子晶格中的熵呢？

（三）一种新型的低熵冷却技术

2020 年，中国科学技术大学的潘建伟及其同事苑震生、杨兵（海德堡大学博士后）、戴汉宁、邓友金等，开发并通过实验实现了一种新型冷却技术，极大地降低了超冷原子晶格中的热力学熵。他们的实验论文以“快讯”（First Release）形式发表在了《科学》杂志上。

在实验中，他们将1万个原子铷-87冷却到了绝对零度附近，而每个原子携带的热力学熵却低得创造了世界纪录，只有0.0019 kB，降低到了之前的方法测得的1/65。

那么，他们是怎样把熵降得如此之低的呢？

这个实验思路的脑洞非常大，请你听仔细了。

其实，2017年，物理学家就已经在尝试降低超冷原子的熵了。当时，他们尝试使用一种叫“超流体”的物质形态，来吸收其中的熵。

虽然超流体能够大量吸收熵，但效果并不理想。这是因为，超流体和原子晶格的接触面是有限的，它只能迅速带走接触面附近的熵。在原子晶格的内部，还是有很多熵没有办法带走。

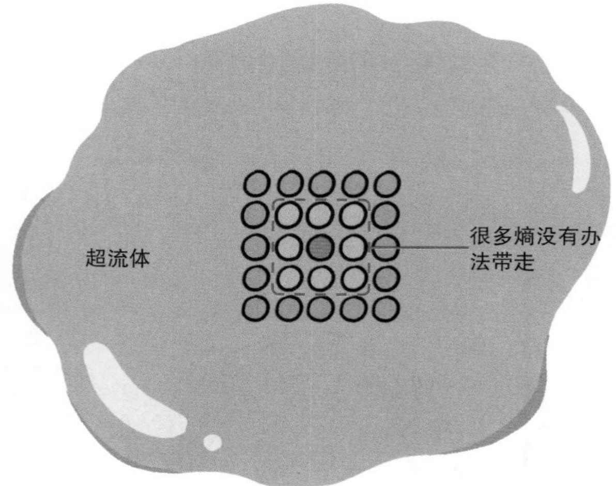

看来，扩大超流体和原子晶格的接触面，才是解决热力学熵问题的关键。

那么，谁和原子晶格的接触面最大呢？就是原子晶格自己呀！

俗话说，人啊，最大的敌人就是自己。如果有谁能够克服自己的所有缺陷，那他离完美就不远了。

于是，潘建伟团队的物理学家们脑洞大开，想到了一种让超冷原子自己克服自己缺陷，“自己带走自己的熵”的冷却方法。

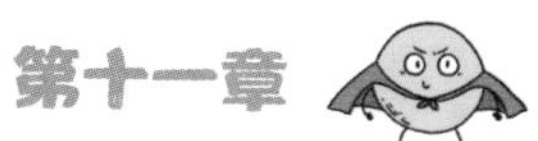

（四）如何让原子晶格“自己带走自己的熵”？

为了理解“自己带走自己的熵”，让我们先来看一下科学原理。

还记得超市里的鸡蛋吗？在实验中，激光的作用就像鸡蛋的包装盒。两束激光制造了一个一个的陷坑（即势阱），把原子铷-87 关进去，让后者形成整齐的“晶格”。

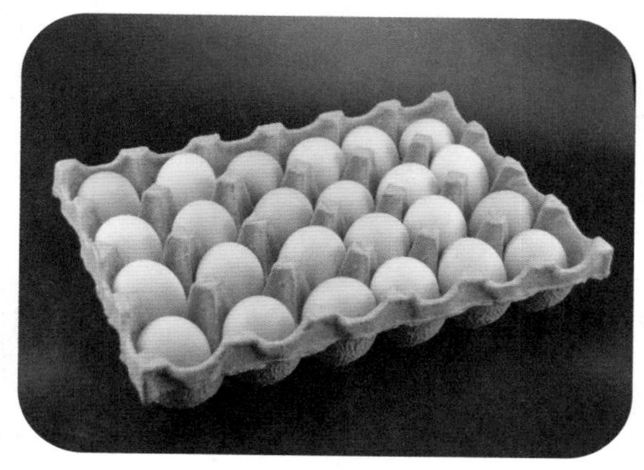

其实，激光的强度是可以调节的。面对同样一堆原子铷-87，如果激光强度调大，它们就处于一种被关禁闭的状态。这就是有待冷却的原子晶格。

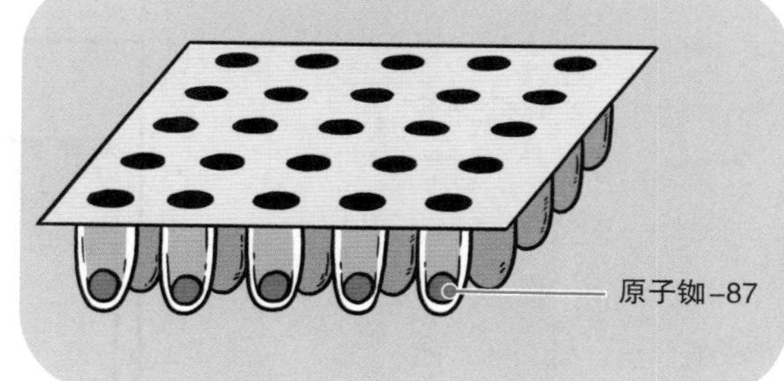

然而，如果把激光强度稍稍调小，根据量子力学原理，原子铷-87 就有可能进入一种特殊的量子状态，也就是“超流体”的状态。

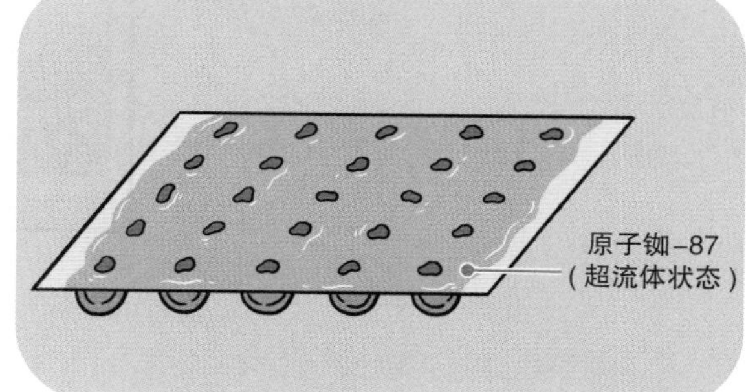

按理说，实验团队应该使用两束激光做牢笼，将所有原子铷-87牢牢关在里面。

但是，实际情况不是这样。实验团队调节了其中一束激光，让它的强度变得不均匀，形成强、弱、强、弱、强这样的周期性结构。

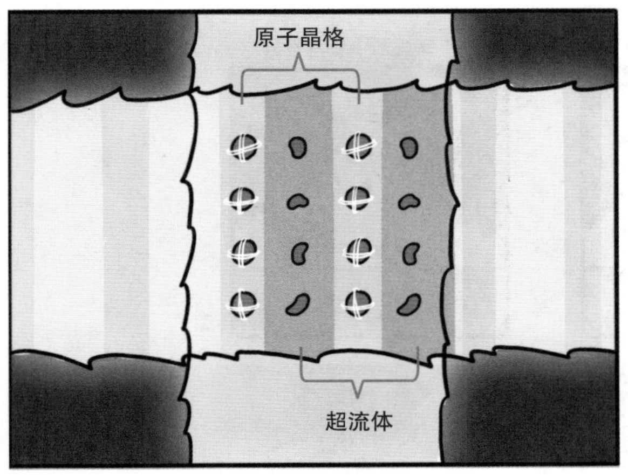

神奇的事情发生了。这个时候，原子铷-87 也按照激光的强度分别，交错排列形成了两组结构。一组结构是用于量子模拟的原子晶格，另一组结构是超流体。

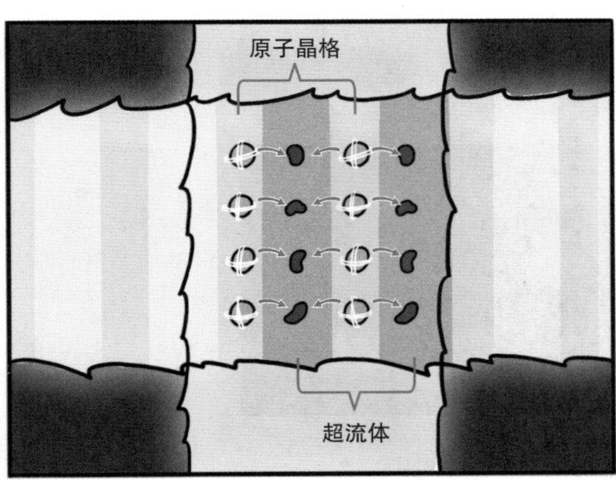

这时，由于每一组原子晶格都紧挨着一组超流体，在降温的过程中，它们的热力学熵就被超流体迅速带走，一下子进入低熵状态。

这个时候，实验团队再通过调节磁场和施加激光，把吸收了大量熵的超流体吹走。

翻转自旋之术

激光之术

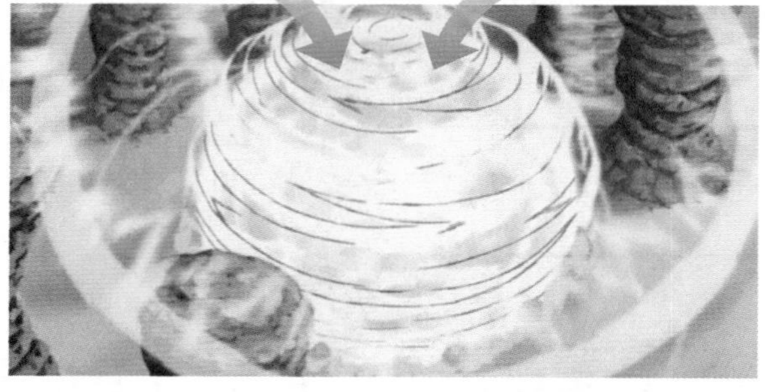

这样一来，量子模拟中所有不该有的东西都没有了，所有该有的东西都留了下来。

在这个过程中，有待冷却的是一堆原子铷-87，用来吸收熵和热的超流体还是一堆原子铷-87，只是二者所处的是不同的量子状态。所以，从某种意义上说，是原子铷-87“自己带走了自己的熵”。

最后，他们发现，在1万个原子铷-87组成的阵列中，残存的晶格缺陷只有不到0.1%，比常规方法减少到了1/100。

在自然界中，只有固体中的原子才能如此整齐地排列成晶格。现在，稀薄的铷-87气体中的原子也能像固体一样，整整齐齐地排列成晶格啦！

万事俱备，就差量子模拟了。

（五）小试牛刀：高保真度量子门

研究完“自己带走自己的熵”之后，潘建伟团队又在原子铷-87形成的晶格中，进行了一场简单的量子模拟：制造两量子比特的翻转“量子门”。

他们让1250对相邻的原子铷-87发生了量子纠缠，并形成了两量子比特的翻转量子门。经过测试，该量子门的保真度高达99.3%。

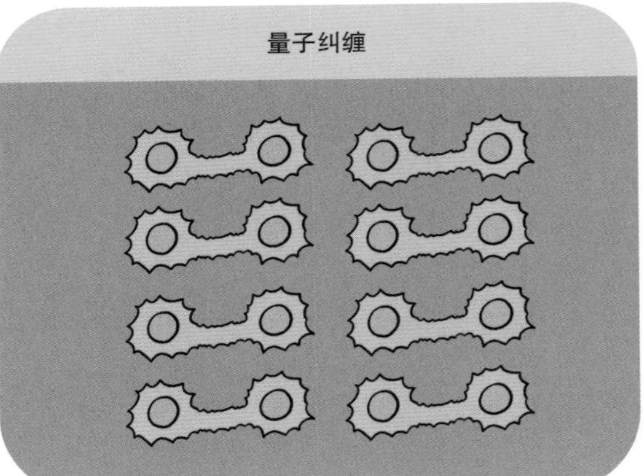

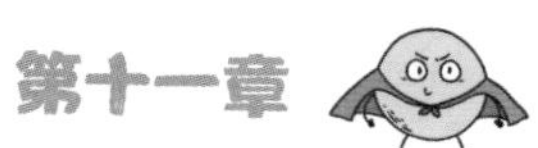

果然，低熵的超冷原子晶格就是好用！

在计算机芯片中，所有的运算功能通过有各种门电路的排列组合来实现。而运算的正确率取决于构成门电路的硅材料的纯度高不高，制造工艺有没有瑕疵。

如果将来有人造出了通用的量子计算芯片或量子模拟装置，它所有的运算功能也一定是由各种“量子门”排列组合而实现的。其中运算的正确率，在很大程度上也取决于组成“量子门”的量子装置“有没有瑕疵”、“够不够完美”。

当然，没有最完美，只有更加完美。不管是做人，还是做科研，只有不断克服自己的缺陷，才能让自己变得更加完美。

注：

1. 本漫画对实验团队的实验过程做了一定程度的简化。实际上，在冷却过程中，原子铷-87 晶格中并不是每一个格点上只有一个原子铷-87，而是每一个格点上都有两个原子铷-87。

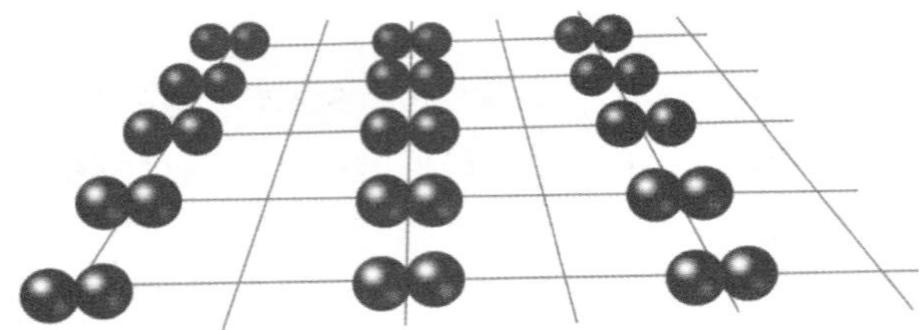

此时，实验团队只需要再次调节激光牢笼的参数，就可以把这两个原子分开，形成我们“一个萝卜一个坑”的晶格。

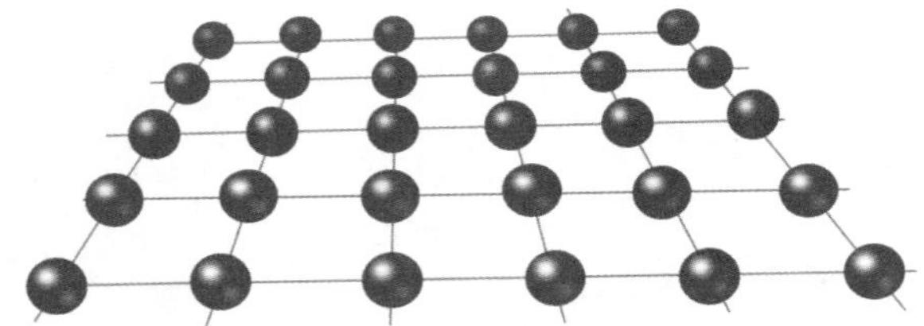

2. 用于量子模拟的晶格的间距是由激光的波长决定的，所以物理学家通常管这种晶格叫“光晶格”，而不是漫画中说的“原子晶格”。

3. 光晶格的晶格间距是由激光的波长所决定的。在本漫画介绍的实验中，晶格间距为 300 多纳米，是原子铷-87 组成固体时的晶格间距的 100 多倍。所以，这次实验相当于实现了“让稀薄的铷-87 气体原子如固体般整齐排列”。

参考文献：

1. Yang B, Sun H, Huang C J, et al. Cooling and entangling ultracold atoms in optical lattices[J]. Science, 2020,369(6503):550–553.

第十二章

小小的世界有大大的梦想：

超冷分子化学团队制备超冷三原子分子气体

妞妞刚上初中，第一堂化学课，老师给他们展示了一个非常有趣的实验——金属钠和水的反应。

妞妞回到家，爸爸告诉她，他的实验室也在做钠原子和钾原子的化学反应实验。

但是，当妞妞来到爸爸实验室的时候，她没有看到烧杯、试管，只看到了很多小镜子和激光器。

爸爸告诉妞妞，他们的实验室叫作“超冷分子化学实验室”。在超低温度（接近绝对零度）下，他们让钠钾双原子分子和钾原子发生反应，最终生成三原子分子。

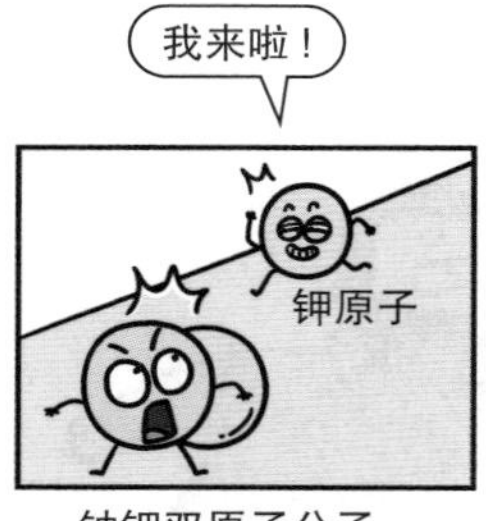

钠钾双原子分子

三原子分子

化学反应是怎么发生的？化学反应的性质为什么是这样的？化学反应是怎样从量子层面过渡到经典世界的？要解开这个问题，要从更早的时候说起。

从古代起，人们就好奇物质的性质。中国用五行学说来描述世界万物的形成和相互关系，古希腊人把水、气、火、土当成世界万物之源。

后来，人们试着将两种或几种物质放在一起，通过制造一些条件，希望它们发生反应并产生新的物质，并寻找其中的规律。

17 世纪的科学家罗伯特·波义耳，第一个给出了化学元素的定义，提倡为认识事物的本质而研究化学。

近代化学之父安托万－洛朗·拉瓦锡 1775 年左右通过实验制备出了氧气（那时他只知道这种气体有助于燃烧，还能帮助呼吸），并于 1777 年认识并命名了氧气，化学从定性走向了定量。

1803 年，英国化学家、物理学家约翰·道尔顿提出的原子学说，更是让化学学科获得了重大的进展。

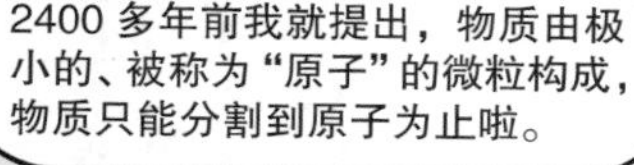

道尔顿的原子学说包含下述观点：

（1）化学元素由不可分的微粒——原子构成。

（2）同种元素的原子性质和质量都相同，不同元素原子的性质和质量各不相同。

（3）不同元素化合时，原子以简单整数比结合。

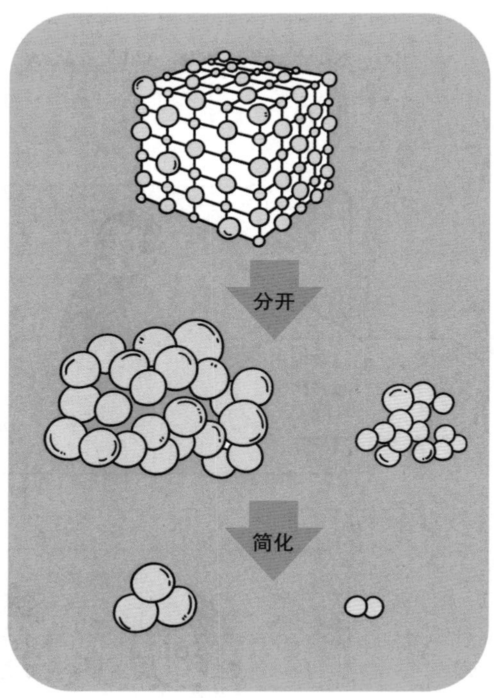

1900 年，量子力学诞生了，有别于经典世界的物理理论，量子力学是研究在微观层面的粒子运动的科学。科学家发现，化学的本质是原子分子的相互作用，交换和动力学演化，最终研究都将在原子、分子层面进行。

如果我们能掌握微观粒子们化学“反应”的本质，就相当于拥有了微观粒子“活动手册”，对于新材料和新药物的合成与制备能起到非常重要的指导作用。

狄拉克曾经说过，大部分物理和整个化学的数学理论所必需的基本物理定律已经完备了，而困难之处仅在于这些定律的精确应用会导致方程过于复杂而无法求解。因此，只要能求解描述原子核和电子的多粒子薛定谔方程，我们就能洞察化学的一切奥秘。

不过，愿景非常美好，实施起来就困难多了。

事实上，在量子化学的世界里，即使是三体问题，也无法精确求解。

量子三体问题没有严格可解模型，所以只能数值求解。一方面，现在计算的精度不够，即实验得出的结果，经典计算机无力“验算”；另一方面，粒子相互作用中的参数太多，解决了前面的“高山”，后面还有“群峰”。所以，即使是最简单的 H_3^+ 离子，很多实验测到的光谱理论也无法解释。

经典计算机的计算精度不够没关系，如果用量子计算机，也许是一个捷径。

哇！

我们也才刚刚起步，刚刚起步。

这……

但是，怎么“计算”呢？三体这么复杂的问题，没有成熟的理论，经典计算机算不了，量子计算机研究刚刚起步，科学家是不是没办法了？

小孩子才会担心，科学家选择撸起袖子直接干——算不出来，我们就在实验室中直接操控原子、分子间的三体“化学反应”。

不过，想要操控原子、分子可不容易，为了让它们乖乖听话，科学家们各显神通，最著名、最常见的就是激光冷却、囚禁等技术。

所谓激光冷却，就是利用激光技术，实现光子和原子的动量交换，从而冷却原子。原子的激光冷却技术已经很成熟，再结合磁光阱、蒸发制冷等手段，人们制备出了温度低、密度高的超冷原子气体。

实现光子和原子的动量交换

实现光子和原子的动量交换

光子从 1 楼再爬上 10 楼

（注：图中所示的跳跃为危险动作，请勿模仿）

这种“电子循环跃迁”降温的方式用来对原子进行冷却非常有效，但是对分子就不太好用了。分子的能级结构比原子复杂得多——振转能级不存在循环跃迁。目前，人们只在少数分子中发现了近似的循环跃迁。

科学家尝试对分子直接进行冷却，不过这是非常艰难的。对多原子分子来说，目前世界上最好的结果是将 CaOH 分子冷却到了 100 μ K，但分子密度还很低（太稀薄）。

从 20 世纪 80 年代开始，科学家就试着用冷原子合成冷分子的方式给分子“降温”，即利用光缔合从冷原子气中合成出双原子分子。但这种方法得到的分子气密度低、温度也比较高。

于是，科学家们又探索了另一种技术——Feshbach 共振技术。Feshbach 共振是指原子们经过散射会牵扯在一起，形成弱束缚分子，如果散射态和束缚态的能量一致，则会产生共振，这会大大增强散射态和束缚态的耦合强度。而且，Feshbach 共振可以通过外加磁场来调控，这就给了我们新的机会：利用磁场来将原子合成分子。如今，Feshbach 共振技术成为合成双原子分子最常用的技术手段。

既然原子的 Feshbach 共振可以用来合成双原子分子，那如果有双原子分子和原子的 Feshbach 共振，不就可以合成三原子分子了吗？但问题是双原子分子和原子间磁场可调的 Feshbach 共振存在吗？ 2019 年，中国科学技术大学潘建伟、赵博研究团队在国际上首次观测到了超低温下钾原子（^{40}K）和钠钾分子（^{23}Na^{40}K）的 Feshbach 共振。这意味着，利用 Feshbach 共振实现三原子分子合成是有可能的！

2022 年初，在 Feshbach 共振附近，研究团队通过射频场将原子分子散射态直接耦合到三原子分子的束缚态。射频合成三原子分子所导致的钠钾分子损失谱，给出了三原子分子合成的间接证据。这项工作于 2022 年 2 月 9 日发表在《自然》杂志上。

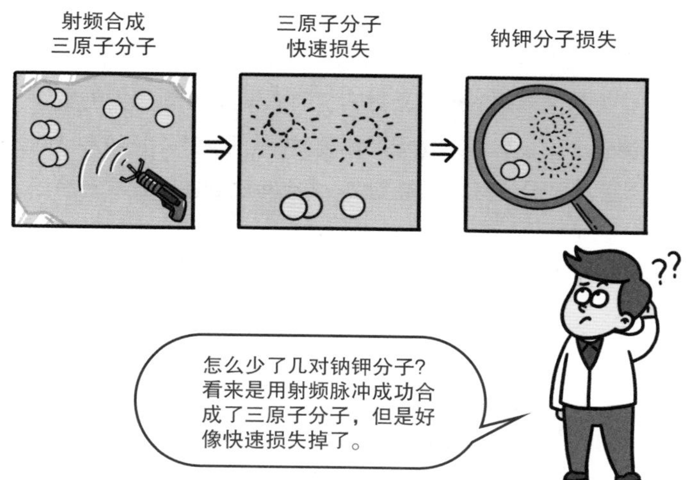

不到一年的时间，研究团队通过努力，将温度降低至 100nK，制备出了温度更低、密度更高的、简并的钠钾分子和钾原子混合气，这使得研究团队可以通过 Feshbach 共振磁缔合方法来将钠钾分子和钾原子合成三原子分子，最终，得到了含有约 4000 个 $^{23}Na^{40}K_2$ 分子的超冷分子气。通过射频解离三原子分子，观测解离谱的行为，研究团队得到了合成三原子分子的直接、确切证据。

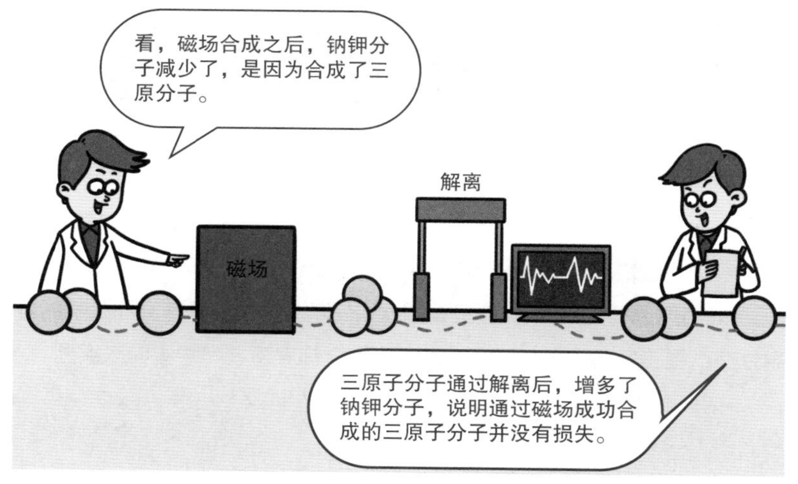

这项工作成果于 2022 年 12 月 2 日发表在《科学》杂志上。一年内接连登上《自然》、《科学》杂志，看起来是闪电般的成绩，其实这项成果是 10 年努力的结果。研究人员从 2012 年开始搭建钠钾分子实验室、2019 年观测到钠钾分子和钾原子 Feshbach 共振、2022 年初观测到射频合成三原子分子证据，直到 2022 年年底制备出超冷三原子分子气体，一步一步踏实走过。

对科学家来说，这是超冷分子和超冷化学领域的一个里程碑，也是一个全新的开始。未来，量子三体问题的解决，超冷反应奥秘的探索，以及由于分子丰富而独特的能级结构，在量子信息处理、量子精密测量等领域的潜在应用，都等待着科学家们去实施。

爸爸，那是不是有一天，量子化学家就可以自由地模拟合成所有的化学反应？
哈哈，“三生万物”这个目标太宏大了，就留给你来实现好吗？

没问题！
我要一步一步往上爬，在最高点乘着叶片往前飞。任风吹干流过的泪和汗，总有一天我有属于我的天……

第十三章

非视域成像：

让视线“拐弯儿”，在 1.4 千米之外

糟糕，“犯罪分子”逃进了这座没有完工的大楼。这么多房间，我们该去哪儿找他呢？

即将完工的居民楼

演习队长

演习队员 A

队长，别着急，让我试试这个！

监视器

演习队员 A　　演习队长

演习队长　演习队员 A

监视器

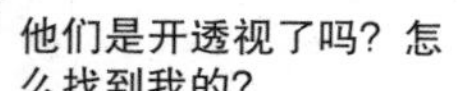

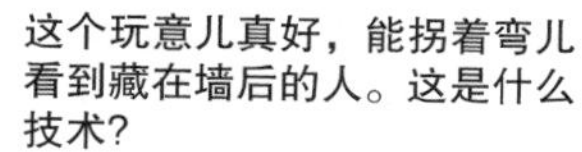

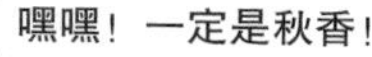

我们通常用的照相机、夜视仪和望远镜，都属于视域成像产品。

它们只能看到自己视线范围内的东西，没法看到视线之外的东西。

唐伯虎

你可能会想，如果我在视线范围内放一面镜子，不就可以看到视线之外的东西了吗？

没错，潜望镜就是这么做的。

非视域成像的原理有点儿像潜望镜。

不过，它不是靠镜子来反射物体的光线，而是靠更粗糙的平面，比如墙壁，来反射物体的光线。

可是，墙壁那么粗糙，就算让一束平行光线照在墙上，也会散射得七零八落。

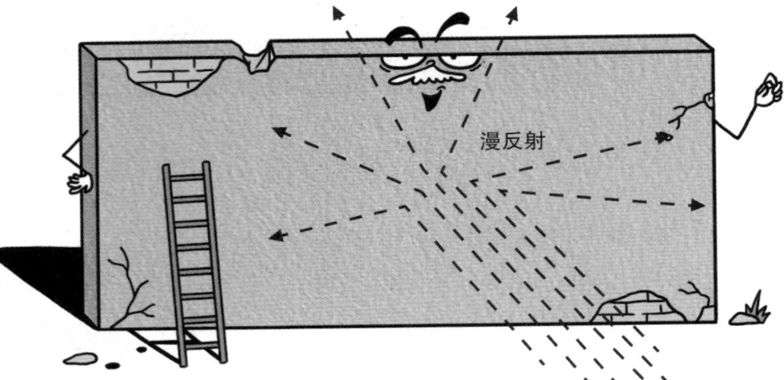

所以，如果让物体把光线反射到墙壁上，再让墙壁把光反射到相机里，结果一定是白茫茫一片，连神仙都看不出来你拍的是啥。

这可怎么办呢？办法是有的。

大部分非视域成像技术，都不会被动等待墙壁反射物体的光线，而是主动出击，向墙壁发射一束激光脉冲。

这束激光脉冲会经过墙壁 1 反射，照在墙壁 2 后的物体上。然后，物体会把一小部分脉冲信号反射回来，再次经过墙壁 1 后，被探测器接收。

也就是说，发出去的激光脉冲要经过 3 次漫反射，才能最终回到探测器中。

最后，计算机通过分析探测器接收到的脉冲延迟了多久、形状发生了何种变化，来反推墙壁后面藏着的物体是什么。

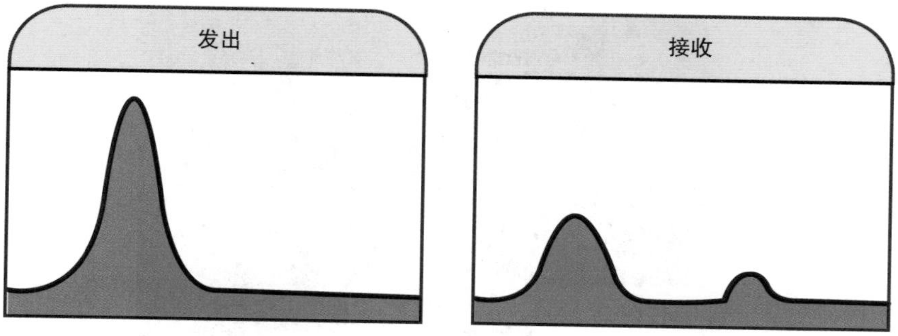

从这个意义上说，非视域成像可以说是一种能够让视线拐弯的技术。

仔细一想，你可能会发现，距离越远，激光衰减就越厉害，探测误差也会越大。

这样的非视域成像技术，最多也只能探测几米之外的物体。

如此看来，这种技术就算真的投入使用，最多也就是用在近距离的场景，比如机器人视觉、医学和科研。

像本章漫画开头的那种远距离应用，非视域成像一时半会还无法胜任。

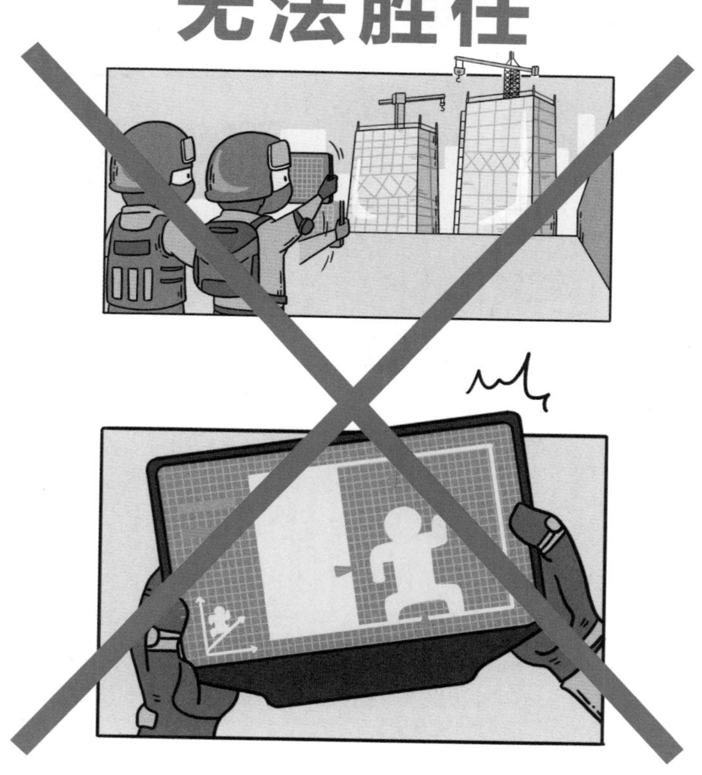

那么，真的没有其他办法了吗?

中国科学技术大学的潘建伟、窦贤康、徐飞虎等研究人员想到了一个新办法。他们利用自己开发的硬件和软件，成功地把非视域成像的应用距离延长到了1.4千米。2021年3月，他们的研究论文发表在《美国国家科学院院刊》（PNAS）上。

你可能会觉得，不就是实验距离变远了吗?

这有什么难办的呢?

把仪器精度设置得高一点儿，再把实验数据分析得仔细一点儿，不就可以了吗?

哪有那么简单!

这可不仅仅是几千米和几米的区别，而是室外和室内的区别。
要知道，我们做的是一个精密光学实验。
科学家做这样的实验时，恨不能把实验室变成一个没有光的黑屋子。
只有尽可能杜绝一切干扰，光学实验才能称得上足够“精密”。

现在可好，研究人员不但不能在黑屋子里做实验，还要把实验搬到户外，在明晃晃的太阳底下做。

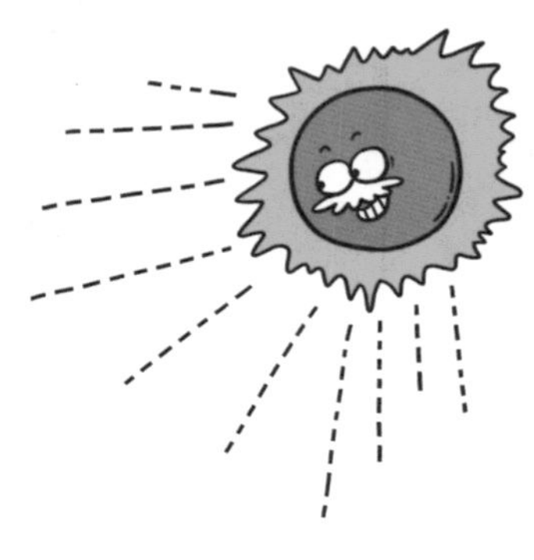

这个时候，别说让视线拐弯了，就算想看清视线内的物体，都不容易。

那么，在如此强烈的干扰下，研究人员又是如何让视线拐弯的呢？他们主要做了以下 6 点。

1. 使用 1550 纳米波长的近红外激光

这个波长的光子，比可见光更容易穿透空气，而且不会被对方察觉。

2. 适用于近红外的高效单光子探测器

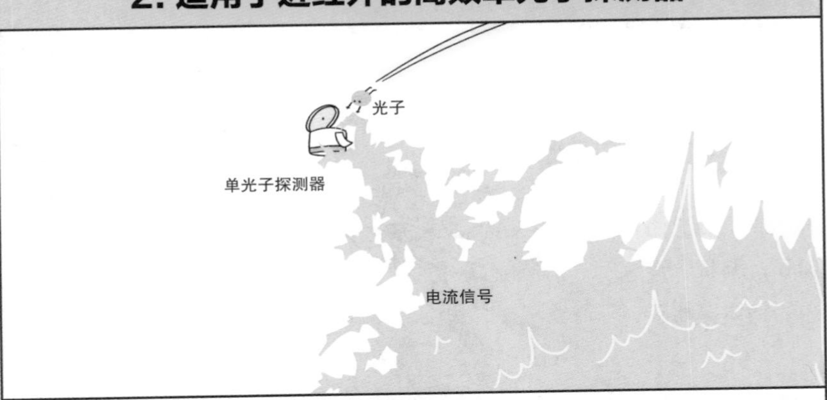

只要有一个光子进来，探测器就会发出雪崩式的巨大电流信号，并产生准确的时间响应。

3. 高透过率的光学系统

镀了膜以后，光子就会更容易进入镜片，而不会被镜片反射出去了。

4. 双望远镜共聚焦光学系统

激光光子从一个望远镜里发出，再返回到另一个共焦的望远镜里。用这种办法，研究人员就能消除激光被环境背向散射而引发的噪声。

尽管有了如此细致的准备，但近红外激光的脉冲经过长距离飞行，经过重重干扰，再经过 3 次漫反射，回到探测器以后，还是变得连“亲妈都不认识”了。

虽然在每个扫描点上，近红外激光都会发出 4.6×10^{18} 个光子。

但经过 3 次漫反射以后，却只有 674 个光子能回到探测器中。

于是，研究人员最后还有一件事情必须完成，那就是：

6. 开发重建影像的计算机程序

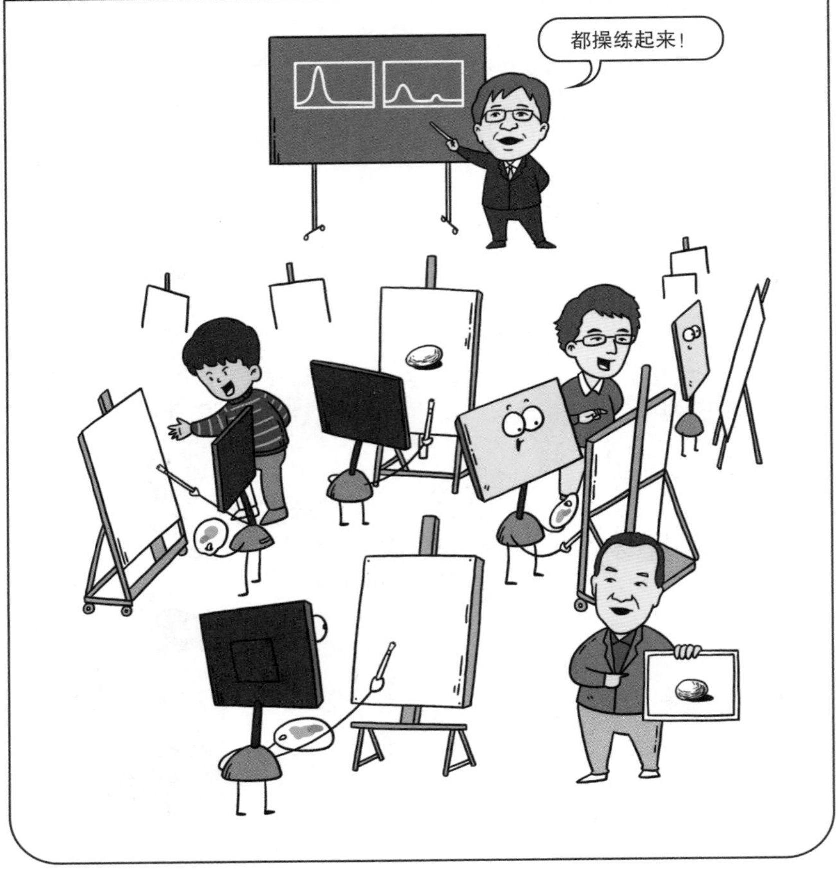

都操练起来！

研究人员做了这么多创新和努力，实际效果如何呢？

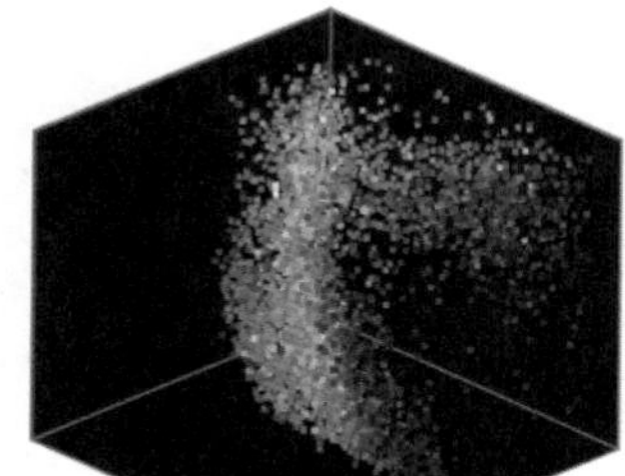

请看，这是探测器探测到的一组信号。

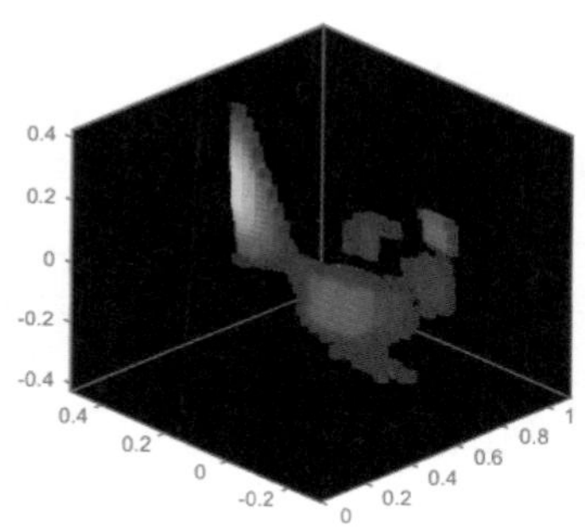

那么计算机程序认为这是什么呢?

那么它究竟是什么呢?

原来是一个标准的木偶人。

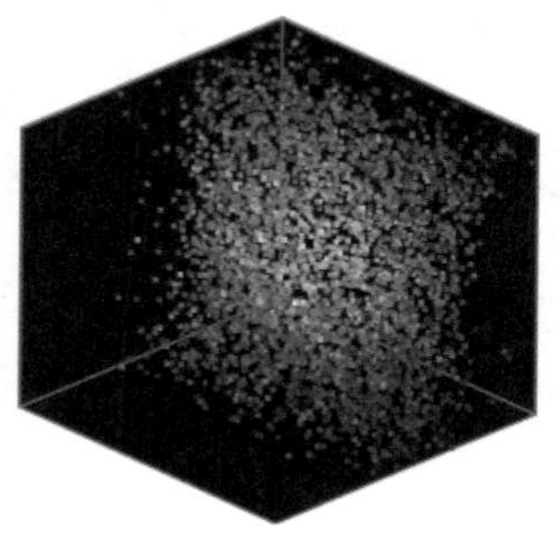

再看这个结果。

什么也看不出来，对吗？让我们看看计算机显示的结果。

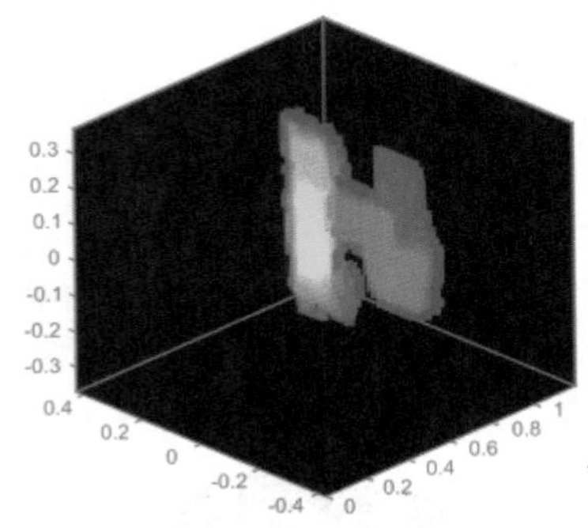

那么它究竟是什么呢？

原来是一个字母 H。

再猜猜看，这拍的是什么？

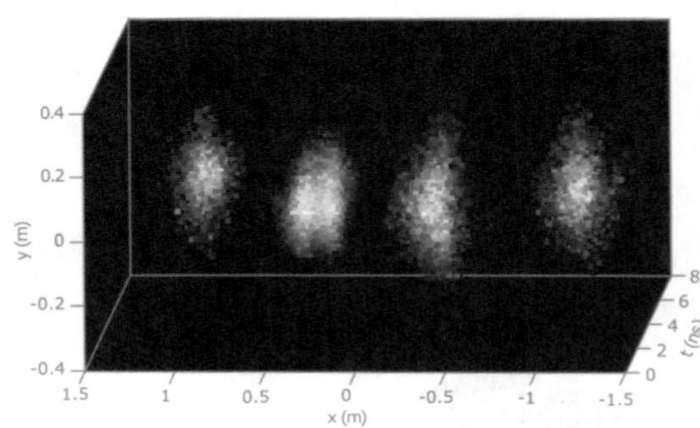

让计算机帮你还原（图像重建）一下。

原来是它！

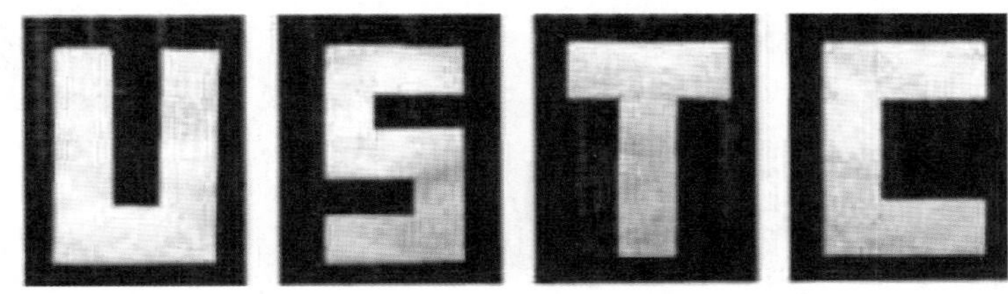

这样看来，这一轮远距离非视域成像的效果还挺不错。

据不可靠消息，研究人员还将在各种实际场景中，对这种技术进一步测试和优化，争取早日将它投入实际应用中。另外，在无人驾驶、灾害救援等民用领域，非视域成像也有广阔的应用前景，我们一起拭目以待吧。

参考文献：

1. Wu C, Liu J J, Huang X, et al. Non-line-of-sight imaging over 1.43 km[J]. PNAS, 2021, 118(10): e2024468118.
2. Faccio D, Velten A, Wetzstein G. Non-line-of-sight imaging[J]. Nature Reviews Physics, 2020, 2(6): 318-327.

第十四章
用量子力学，突破望远镜分辨率的光学极限

每个人都希望自己像孙悟空一样，长着一双火眼金睛，能够透过一切表面现象，看清万事万物的本质。

但这说起来容易，做起来其实特别难。因为本质总是藏在表面之下很深很深的地方，要想抓住本质，等它自己送上门是不可能的，咱们得想办法把它挖出来。

本章我们就来讲一个物理学家利用量子力学透过表面的迷雾，挖掘事物本质的故事。

往那挖！

我挖我挖我挖挖挖！

物理学家

量子力学

表面

别，别，大哥。

本质

一

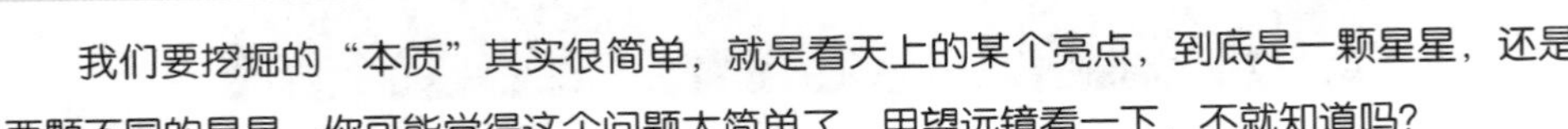

我们要挖掘的“本质”其实很简单，就是看天上的某个亮点，到底是一颗星星，还是两颗不同的星星。你可能觉得这个问题太简单了，用望远镜看一下，不就知道吗？

望远镜也很为难啊。因为光这玩意儿，一点儿也不老实。你叫它走直线，它偏不走直线，而是像一束波一样扫过一大片范围。

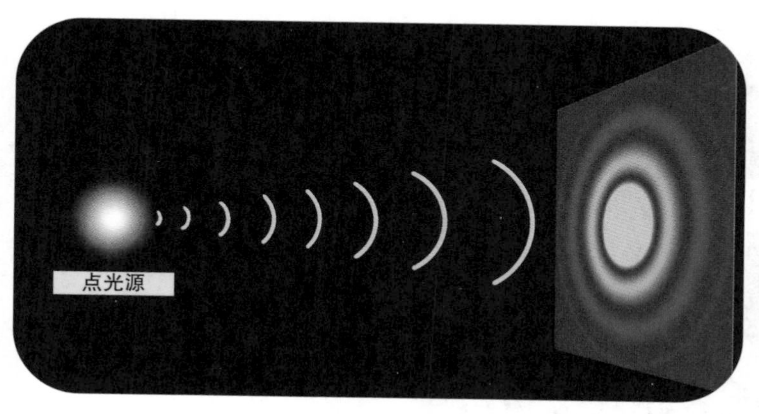

一个点发出的光，通过望远镜拍成照片以后，就不再是一个点了，而是一个光斑。

如果旁边还有一个点在发光，到了照片上，它们就是两个光斑。

艾里斑

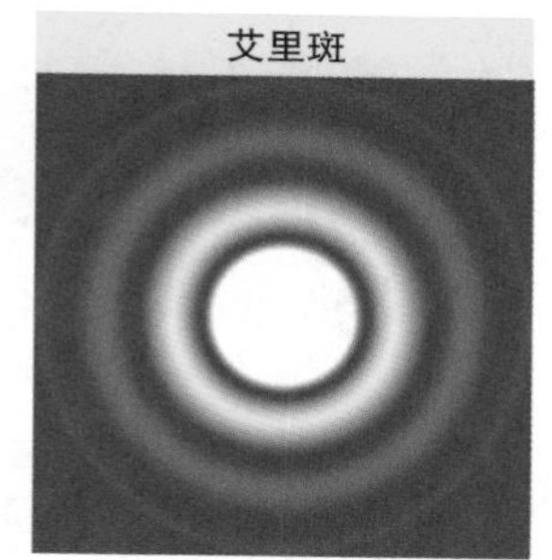

如果这两个点离得特别近，两个光斑就会糊到一块儿了，你根本分不清谁是谁。

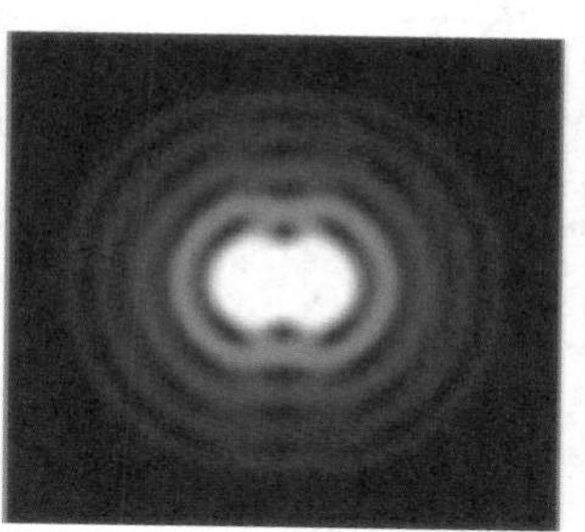

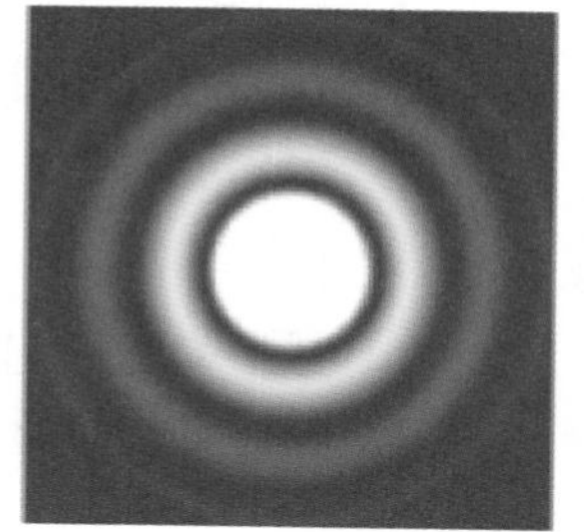

这个时候，大自然就把它的本质隐藏了起来。你以为看到的是一颗星星，其实有可能确实是一颗，也有可能是两颗。到底是几颗，谁也看不清。

科学上的事千万不能瞎糊弄，因为只要失之毫厘，就会谬以千里。比方说，你以为距离咱们最近的比邻星位于宜居的恒星系。咱们地球可以移过去，为人类开拓第二家园。

但其实它周围还有两颗恒星，组成了一个三体系统，并不适合人类安家。你要是飞到一半儿才发现，后悔也来不及了，只能用自暴自弃给后人提个醒！

当然，这事也不能怪望远镜，因为它的分辨率已经到极限了，再努力也就这样了。

更难的是，天上的很多星星都非常暗，发出的光子都是论个数的。这下更麻烦了，光子这玩意儿是基本粒子，你把两个一样的光子搁一块儿，根本分不清谁是谁，更不可能搞清楚它们是打一个地方来的，还是半路碰上的。别说你分辨不了，老天爷也分辨不了，你要是想从两个光子身上反推它们的来历，简直就是不可能完成的任务。

事情到了这个份上，别说极不极限，望远镜想辞职的心估计都有了。

难道没有更好的办法了吗？难道眼睁睁地看着大自然欺骗我们吗？

你要是不懂量子力学，答案就是无解。人类会被表面的迷雾遮挡，无法找到事物的本质。

幸运的是，现在是 21 世纪 20 年代，物理学家早就把量子力学研究清楚了。他们已经从量子力学中找到了应对的思路。

这个思路是说，要想把星星看得更清楚，就不能被动地接收光子，而是要主动出击，想办法让光子整出点儿花样来。这个花样最好是会变化的，而且变化的幅度跟星星的相对位置有关。这样一来，我们就可以通过分析花样变化的幅度，来反推这两个星星距离有多远。

那么，这个花样是什么呢？在量子力学眼里，这个花样只有唯一的一种可能，那就是**干涉**。

干涉又是什么现象呢？如果你往水里扔两块石头，就会激起两股水波。水波和水波交叉重叠在一起，就会形成一种特殊的纹理。这就是水波的干涉现象。

假如你经常扔石头就会发现，水波的干涉纹理是可以变化的。如果干涉条纹是这样的，你就会知道，这两石头肯定离得很近。

如果干涉条纹是这样的，你会知道，这两石头肯定离得有点儿远。

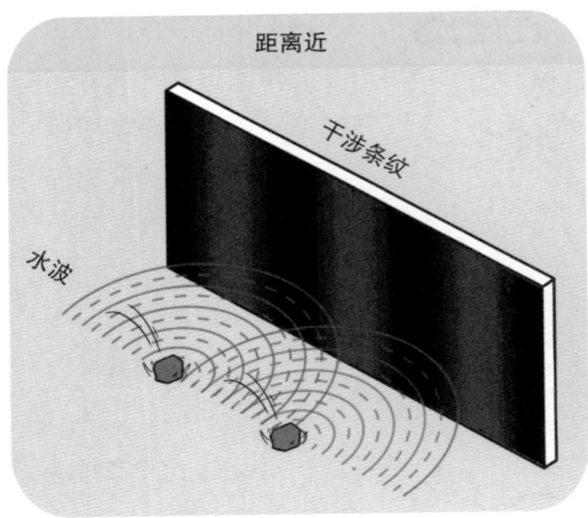

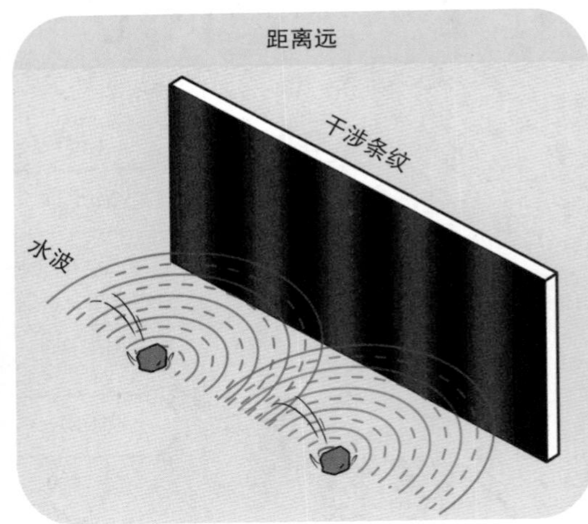

所以，通过测量水波的干涉条纹，你就可以推算两个波源之间的距离。同样的道理，通过测量光子的干涉条纹，物理学家也能算出两个光源之间的距离。

但量子力学说的干涉，跟咱们说的水波干涉，还存在两点不同。

第一点，量子力学的干涉，指的不是两束看得见的波在干涉，而是指两束看不见的概率波在干涉。因为在量子力学中，所有的光子，既是一种粒子，又都同时是一种概率波。它们会以不同的概率，出现在不同的地方。

如果它们的概率发生波动，你是看不见的。你只能先把各个地方收集到的光子数量记下来，换算成概率，再把各处的概率汇总起来，画成图，然后才能看到这种波动。这就是我们说的要“主动出击”的第一层意思。

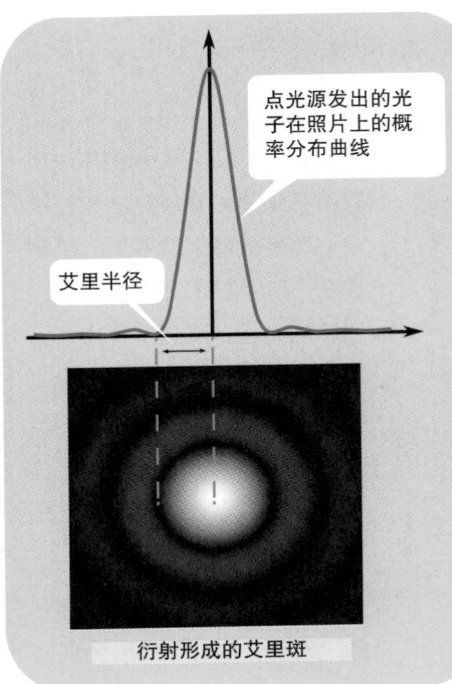

衍射形成的艾里斑

那么，如果把两个靠得很近，又很暗淡的星星发出的光子全部收集起来，又会看到什么样的干涉现象呢？很遗憾，除了一坨叠在一起的亮斑，你什么干涉现象也看不见。

所以，我们必须强调量子力学的干涉的第二点不同，不能来者不拒，有什么概率就算什么概率，而是要把没用的概率抛在一边，专门挑有用的算。这就是上文所说的“主动出击”的第二层意思。

具体来说，就是不要计算单个光子出现的概率，而是要计算“两个光子同时出现的概率”。这样一来，你收集到的数据就会变少很多。因为天上如果真的有两颗星星，它们又不一定会同时发光，就算同时发光，它们的光子也不一定能同时到达地球。“两个光子同时出现的概率”，肯定远远低于“先测到一个光子，然后又测到一个光子的概率”。

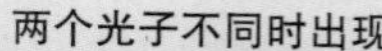

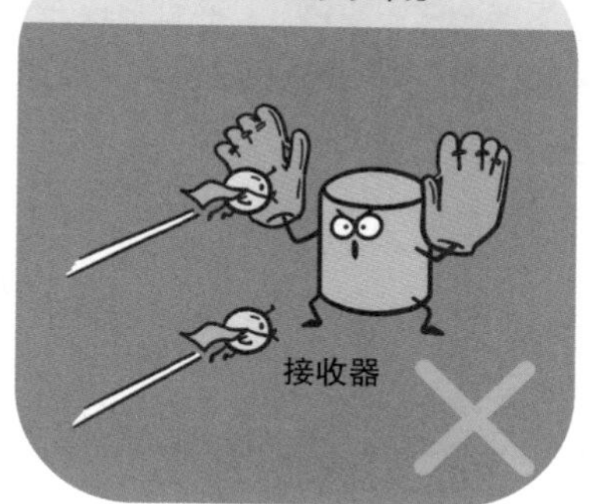

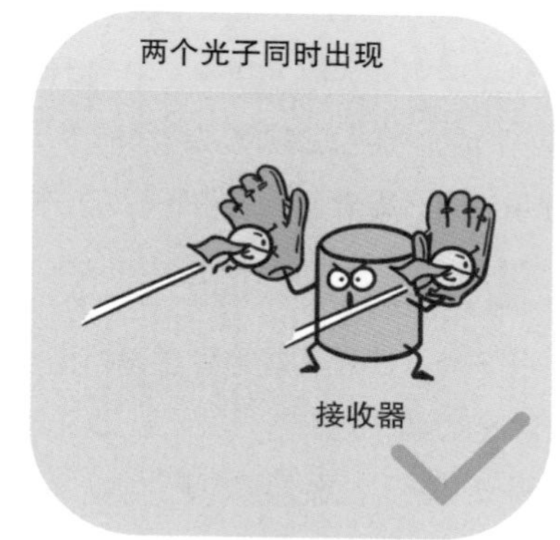

但你要知道，浓缩的才是精华。一个光子的概率不会发生干涉，“先测到一个，然后又测到一个的概率”也不会发生干涉，只有“两个光子同时测到的概率”才会发生干涉。如果你把这个概率画成一张图，就会明显看到，干涉条纹真的又重新出现了！

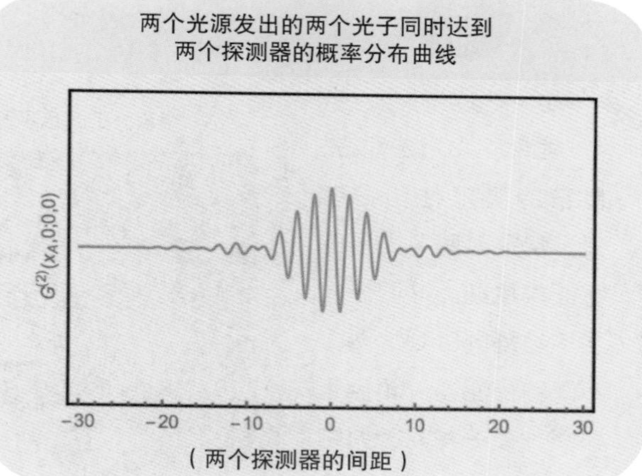

而且，你还能从这个条纹中，算出两颗恒星的距离是多远。

双光子干涉

由于这种方法不是一个光子的概率波在发生干涉，而是两个光子同时抵达的总体概率波在发生干涉，因此，物理学家把它叫作双光子干涉或者二阶干涉。

利用双光子干涉，很多原来看不清本质的东西，后来终于可以看清了。物理学家用它看清了恒星有几颗，还用它看清了恒星的大小。生物学家用它看清了用荧光标记的蛋白质分子。粒子物理学家用它看清了微观粒子的大小和相互作用范围。

双光子干涉，简直就是给科学家配了一双火眼金睛，不管是鸡精、戏精还是白骨精，它统统能把本质看清！

三

虽然这个方法很好，但它的局限性也很明显，就是对两个光子的特征太挑剔。这两个光子不但得同时到达两个不同的探测器，颜色还必须一模一样。因为它们只有颜色一样，才会发生干涉。否则的话，干涉条纹就产生不了，这个方法就失效了。你看到的又会是一坨分不清谁是谁的光斑，只不过多叠了一层颜色。

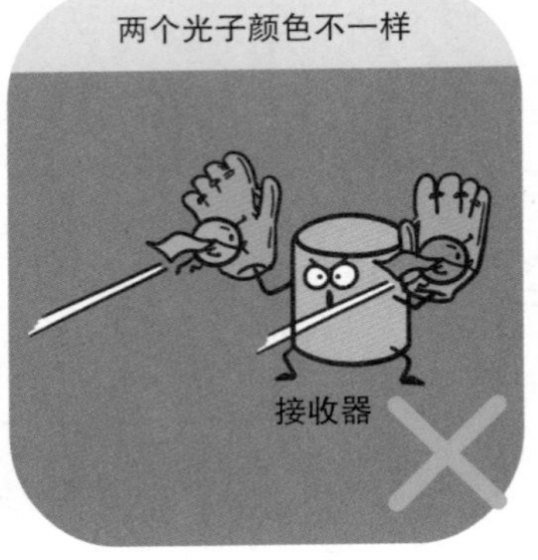

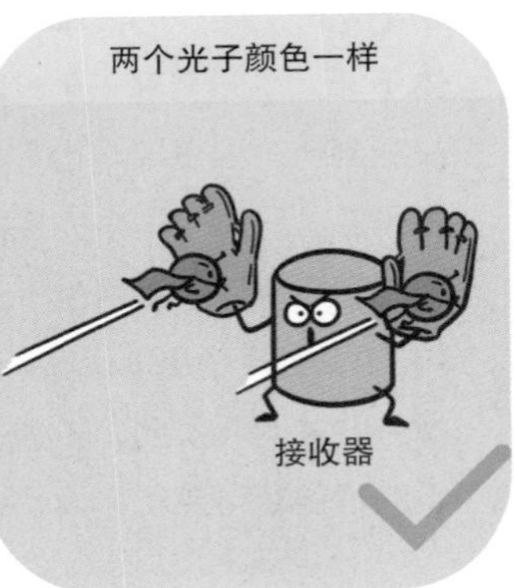

这个局限性的问题很严重。要知道，天上的星星本来就比较暗，物理学家每次收集数据少则几天，多则几年。现在倒好，还要挑剔光子的颜色，比达·芬奇画鸡蛋要求还高，这实验简直没法做了！

物理学家不但已经从量子力学中找到了应对的思路，还把解决方案做出来了。这就是中国科学技术大学潘建伟联合诺贝尔奖得主弗兰克·维尔切克、斯坦福大学的约尔丹·科特勒等人，共同完成的**擦掉颜色信息的双光子干涉实验**。

$|\mathrm{BB}\rangle\langle\mathrm{BB}|(U\otimes U)\ (D_{1A}D_{2B}|\mathrm{RB}\rangle + D_{2A}D_{1B}|\mathrm{BR}\rangle)$

咔嚓——

科特勒

维尔切克

张强

曲泺源

潘建伟

实验的思路并不难理解。你不是要光子的颜色必须一样吗？我给你把不一样的“整”成一样的还不行吗？

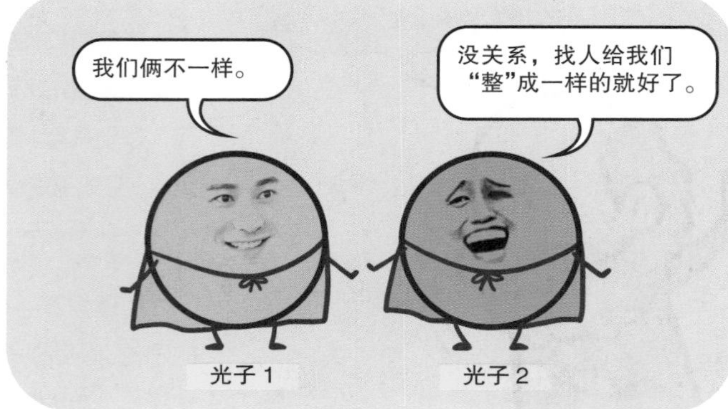

在量子力学中，光子的颜色不同，本质上是光子的能量大小不同。对光子探测器来说，如果能量一样，两个光子的颜色就是一样的。反过来，如果颜色不一样，那么两个光子的能量就是不一样的。

所以，要想把颜色不同的两个光子变成一样的，其实很简单，把它们两个的能量差额想办法补上就行了。具体的办法是，研究人员利用了一种叫作“周期极化铌酸锂波导（PPLN waveguide）”的装置。这种装置的神奇之处在于，只要你舍得给它提供能量，它就能把一个低能量的光子，以一定概率变成一个高能量的光子，相当于给光子“整容”了。

对于光子探测器来说，不管光子是“天然萌”还是“整过容”，只要能量大小符合要求，就认为它们完全相同。

于是，这个实验还剩最后一个步骤，就是把那些“整容”失败的光子对应的数据扔掉，只保留“整容”成功的光子的数据。结果，他们真的又重新看到干涉条纹了！

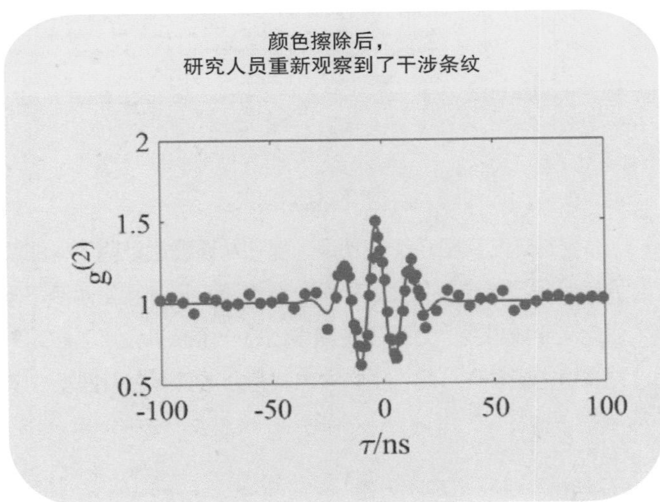

这个实验存在干涉，是因为通过“整容”的办法“糊弄”探测器，让它无法分辨光子的颜色信息，才产生了干涉。这相当于提前擦除了光子的颜色信息，然后才让它进入探测器。这样的探测器可以叫作颜色擦除探测器，所以，这个实验就叫擦掉颜色信息的双光子干涉实验。实验结果发表在 2019 年 12 月的《物理评论快报》上。

PHYSICAL REVIEW LETTERS **123**, 243601 (2019)

Color Erasure Detectors Enable Chromatic Interferometry

Luo-Yuan Qu,[1,2,3] Jordan Cotler,[4] Fei Ma,[1,2,3] Jian-Yu Guan,[1,2] Ming-Yang Zheng,[3] Xiuping Xie,[3] Yu-Ao Chen,[1,2] Qiang Zhang,[1,2,3] Frank Wilczek,[5,6,7,8,9] and Jian-Wei Pan[1,2]

[1]*Shanghai Branch, National Laboratory for Physical Sciences at Microscale and Department of Modern Physics University of Science and Technology of China, Shanghai 201315, People's Republic of China*

[2]*CAS Center for Excellence and Synergetic Innovation Center in Quantum Information and Quantum Physics, Shanghai Branch, University of Science and Technology of China, Shanghai 201315, People's Republic of China*

[3]*Jinan Institute of Quantum Technology, Jinan 250101, People's Republic of China*

[4]*Stanford Institute for Theoretical Physics, Stanford University, Stanford, California 94305, USA*

[5]*Center for Theoretical Physics, MIT, Cambridge, Massachusetts 02139, USA*

[6]*T. D. Lee Institute, Shanghai Jiao Tong University, Shanghai 200240, People's Republic of China*

[7]*Wilczek Quantum Center, School of Physics and Astronomy, Shanghai Jiao Tong University, Shanghai 200240, People's Republic of China*

[8]*Department of Physics, Stockholm University, Stockholm SE-106 91 Sweden*

[9]*Department of Physics and Origins Project, Arizona State University, Tempe, Arizona 25287, USA*

(Received 15 July 2019; published 9 December 2019)

By engineering and manipulating quantum entanglement between incoming photons and experimental apparatus, we construct single-photon detectors which cannot distinguish between photons of very different wavelengths. These color-erasure detectors enable a new kind of intensity interferometry, with potential applications in microscopy and astronomy. We demonstrate chromatic interferometry experimentally, observing robust interference using both coherent and incoherent photon sources.

DOI: 10.1103/PhysRevLett.123.243601

尽管这个实验还比较初级，但它从原理上证明了，即使两颗星星离得很近、光线很暗，而且颜色不一样，我们还是有办法看清它们其实是两颗不同星星的“本质”。这件事情不但对天文学很重要，对分子生物学也是一个新机会。以后如果有两个颜色不一样的荧光分子在显微镜中重叠在一起，生物学家就有办法看清它们谁是谁了。

总之，双光子干涉不会再像以前那么挑剔，它的应用范围开始向外扩大了。

量子力学就是这样突破了望远镜分辨率的光学极限，变成我们的“火眼金睛”，让我们能够透过一切表面现象，看清万事万物的本质。

注：

1. 狄拉克说过，“一个光子……只和它自身干涉”。所以，双光子实验应该理解成“a 和 b 两个光子组成的集体，和这个集体自身发生了干涉”。

2. 这个集体的干涉发生在两个子波之间。如下页图所示，第一个子波是“一个光子从 a 光源跑到 1 号探测器，同时一个光子从 b 光源跑到 2 号探测器”；第二个子波是把两个光子对调一下，也就是一个光子从 a 光源跑到 2 号探测器，同时一个光子从 b 光源跑到 1 号探测器”。

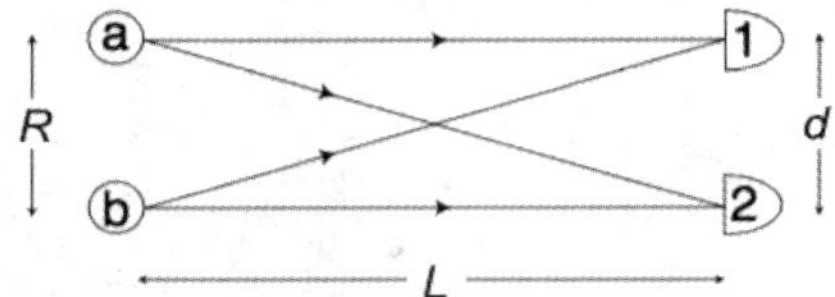

这两个子波所走过的路程是不一样长的，所以，这两个子波达到探测器时，存在一定相位差。这个相位差的大小正比于两个光源的距离 R 和两个探测器的距离 d，所以，通过改变探测器的距离 d，并测量干涉条纹变化规律，就能测量光源的相对距离 R。

3. 双光子干涉要想成立的前提是，这两个光子必须是完全无法区分的，所以，物理学家才会要求两个光子的颜色必须是一样的。

4. 实际的实验原理比本章漫画说得更复杂，它们存在 3 点不同。

第一，物理学家并不是直接把红色光子转化成蓝色光子，而是让它们以一定概率相互转化：红可能变蓝，蓝可能变红。这么做虽然会“牺牲”一部分蓝色光子，但这种牺牲使得双光子可以重新干涉了，所以是有必要的。

第二，物理学家不是直接把红色光子转化成蓝色光子，而是把红色光子转化成了某种“红色和蓝色的叠加态”。同时，蓝色光子也转化成了另一种“蓝色和红色的叠加态”。而且，这个过程需要第三方激光的能量来辅助实现，所以这个叠加态其实是“红色光子、蓝色光子和第三方激光”共同形成的某种叠加态。

这里说的第三方激光有个专门的名字，叫泵浦光。所以，所谓的“整容”过程，其实是两种光子和泵浦光一起进入周期极化铌酸锂波导，然后蓝色的光子有一定概率释放一个泵浦光子，变成红光；红色的光子有一定概率吸收一个泵浦光子，变成蓝光。

第三，根据前两点不同，你会发现实验最终有可能输出的是以下 3 类情况：（1）两个蓝色光子；（2）两个红色光子；（3）一红一蓝。研究组把第 2 和第 3 种情况的数据扔掉了，只保留第一种情况，所以才观察到了双光子干涉现象。因此，我们的漫画说“红色光子通过‘整容’，变成了蓝色光子”，是站在没有扔掉的那部分数据的角度说的。

参考文献：

1. Qu L Y,Cotler J, Ma F, et al. Color erasure detector enable chromatic interferometry[J]. Physical Review Letters, 2019, 123: 243601.

2. Cotler J, Wilczek F, Borish V. Entanglement enabled intensity interferometry of different wavelengths of light[J]. Annals of Physics, 2021, 424(01): 168346.

3. Baym G. The physics of Hanbury Brown—Twiss intensity interferometry: from stars to nuclear collisions[J]. Nuclear Theory, 1998, 29: 1839–1884.

4. Fox M. Quantum optics: an introduction[M]. OUP Oxford, 2006.

5. Brown R H, Twiss R Q. A test of a new type of stellar interferometer on Sirius[J]. Nature, 1956, 178(4541): 1046–1048.